科学新悦读文丛

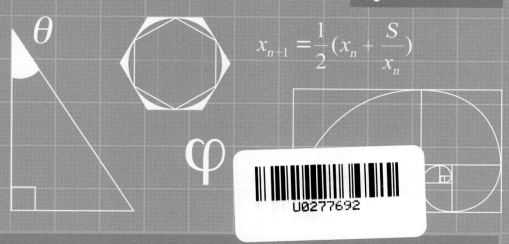

$$x_{n+1} = \frac{1}{2}\left(x_n + \frac{S}{x_n}\right)$$

迷人的代数

代数学的发展历程及重大成就

AWESOME ALGEBRA

A TOTALLY NON-SCARY GUIDE TO ALGEBRA AND WHY IT COUNTS

[加拿大] 迈克尔·威尔士 （Michael Willers）著

袁巍 译

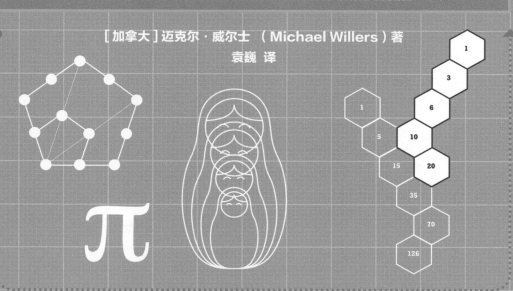

人民邮电出版社

北京

图书在版编目（ＣＩＰ）数据

迷人的代数：代数学的发展历程及重大成就 /（加）
迈克尔·威尔士（Michael Willers）著；袁巍译. --
北京：人民邮电出版社，2017.1（2024.7重印）
（科学新悦读文丛）
ISBN 978-7-115-43845-4

Ⅰ．①迷… Ⅱ．①迈… ②袁… Ⅲ．①代数—普及读
物 Ⅳ．①O15-49

中国版本图书馆CIP数据核字(2016)第280885号

版权声明

◆ 著　　　　　[加拿大] 迈克尔·威尔士（Michael Willers）

　　译　　　　袁　巍

　　责任编辑　刘　朋

　　责任印制　彭志环

◆ 人民邮电出版社出版发行　　北京市丰台区成寿寺路 11 号

　　邮编　100164　　电子邮件　315@ptpress.com.cn

　　网址　https://www.ptpress.com.cn

涿州市殷润文化传播有限公司印刷

◆ 开本：690×970　1/16

　　印张：9　　　　　　　　　2017 年 1 月第 1 版

　　字数：149 千字　　　　　2024 年 7 月河北第 21 次印刷

　　著作权合同登记号　图字：01-2016-3765 号

定价：39.00 元

读者服务热线：(010) 81055410　印装质量热线：(010) 81055316
反盗版热线：(010) 81055315
广告经营许可证：京东市监广登字 20170147 号

内 容 提 要

打开这本书的读者可能已经对数学产生了一定的兴趣，在以往的学习中你也许体会到了数学的非凡魅力，然而你也可能心存疑惑：数学这座恢弘的大厦是如何建成的，其中究竟装了哪些奇珍异宝？

代数主要关注数字和变量间的运算关系，也是与实际生活联系最紧密的一个数学分支。在本书中，我们将通过代数这个窗口，带你踏上一段奇妙的数学探索之旅。这段旅途将穿越古希腊、古埃及、印度以及阿拉伯地区，我们将认识毕达哥拉斯、柏拉图、欧几里得、阿基米德、丢番图、斐波那契等伟大的数学家以及在数学发展中做出过重要贡献的杰出人物，我们将看到数学源远流长而又生机勃勃的一面。最后，我们将重返欧洲，看看笛卡儿、帕斯卡、欧拉、高斯等一代数学巨匠是如何将代数符号化并发展到今天这般面孔的。

还等什么，让我们开始吧。

目 录

谢尔宾斯基三角：参见帕斯卡三角

引言

　　每个人对数学的理解都不尽相同。就某些人而言，数学代表着世上一切美好的事物。英国数学家、哲学家阿弗烈·诺夫·怀海德就曾将数学描述为"人类精神最具独创性的产物"。不过也有人表示，不管是黑板上的方程式还是令人捉襟见肘的家庭收支问题都让数学显得令人生畏。

数学之美

　　当然了，事情大多时候并不是非黑即白。即便是很讨厌数学的人，当在自然界的各个角落发现像斐波那契数列（具体见第85页）这样简单而又吸引人的数学对象时，也很难否认这真的挺奇妙的。反之，即便是最为狂热的数学拥趸也不得不承认数学中许多令人惊叹的奇思妙想在普罗大众眼中依旧迷雾重重、难于理解。

　　大众的不解，有时甚至会导致对数学的妖魔化。事实上，圣奥古斯丁（公元4世纪担任过北非城市希波的主教）就认为数学家都曾"和魔鬼缔约，并致力于使人们的灵魂堕落，难逃地狱"。类似的想法，也许在聆听一堂不知所云的数学课时也会闪过你的脑海。但是，事情真的没那么糟。没错，数学中是有一些令人费解的想法，不过它同时也包含了很多美妙的洞见。要认识数学的本质，我们就需要探究数学是什么，为何它如此独特，并同时了解它的发展历程。

　　这本书就是要引导你踏上一场对数学的探索之旅。随着旅途的深入，许多有趣并富于挑战的数学思想将在你面前展开。同时，我们也将致力于建立这些数学概念和日常事物间的联系。不过，数学与现实世界之间的道路并非总是通畅的。每当遇到这样的情况，你唯一的工作就是舒舒服服地坐下来为数学本身的美拍手叫好。

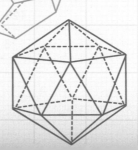

5个柏拉图多面体中的2个。这些迷人的三维体具有独特的性质（参见第42～43页）。

数学是什么

有人说数学是关乎数量的学问，也有人认为它是研究模式和关系的学科，还有人表示数学是科学的语言。著名的意大利学者伽利略（1564—1642）就曾说过："自然法则是用数学的语言写就的。"这些说法都没错，数学这一充满创造性的领域至今依然处于不断的发展之中。在过去，数学中的重大发现往往不为大众所知。近年来，这一情况正在逐渐好转。如全球变暖这样的科学发现与争论使大家更为迫切地希望了解这些现象背后的数学规律。同时大众媒体也在为这一趋势添薪加火，在奥斯卡获奖影片《美丽心灵》（由得到普利策奖提名的同名小说改编而成）及丹·布朗的畅销小说《达·芬奇密码》中数学都扮演了不可或缺的角色。而一个人不管他能否理解其背后的数学原理，都能从一幅幅美轮美奂的分形图案中感受到数学的魅力。

可即便如此，依然有人把数学视作一门一成不变并和现实生活毫无关联的学科。而在学校里，我们都要花费大量的时间来回顾一些很久以前的知识。你问很久到底是多久？我只能说是一两千年以前。这显然无助于改变数学的呆板形象。其实学校里所教的知识并非无趣，也非十分重要，但它们的确不能展示出数学生机勃勃的一面，更遑论它是如何随时间不断演进的了。数学的历史可谓源远流长，在接下来的旅程中，你会见到许多引导了学科发展的伟大学者。

时至今日，众多杰出的人物依然在不断改变着数学的样貌。安德鲁·怀尔斯于1994年证明了著名的费马大定理。随后，西蒙·辛格以几代数学家对该定理的探索过程为主线所撰写的科普作品的热销都表明数学文化的演变远未停止。

在自然界中，斐波那契数列中的数字十分常见。比如，这朵花就有21片花瓣。

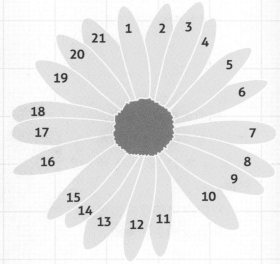

"自然这本书是用数学语言写就的。"

——伽利略·伽利雷

数学简史

在一块距今3万年前的狼骨上，人们发现了许多组含有5道刻痕的计数记录，这表明数学的起源可以追溯到远古之时。

有研究证实，乌鸦可以区分开一些不超过4个物体的集合。这说明其他物种也具备计数的初等观念，换而言之，数学并非人类的专利。那么到底是先有数学还是先有人呢？

鉴于数学辉煌久远的历史，可以想见许多伟大的数学家所做出的贡献绝非仅仅局限于数学这一学科之内。事实

> "通往几何并没有皇家大道。"
> ——欧几里得

上，他们大都博学多识，并且通常会在多个自然科学和哲学领域中有所建树。

对数学史的探究也可以说是对文明史的考察。

古希腊数学的基石是几何，而欧几里得则被誉为"几何之父"。

斐波那契在13世纪把印度-阿拉伯数字引入了欧洲，数学由此从罗马计数系统的制锢中解放了出来（参见第80～81及85～87页）。所以，也有观点认为数学的进步引发了文艺复兴时期的"科学革命"。

数学在各处的发展是不均衡的，其进程也可谓潮起潮落。许多洞见都曾被遗忘，后来又由人们重新发现。而知识的流向也并非一成不变，正是博采众家之长才成就了现代数学。不过，我们无论如何都应对阿拉伯和波斯的数学家们心怀感念。正因他们传承和发展了古希腊、古印度数学遗产中的精华，这些知识才能被重新引入欧洲，并催生了文艺复兴运动。

在现代社会中，数学是无处不在的。当然，从古至今数学一直都在以这样或那样的形式出现在人们的身边。只不过较之以往，它在现实生活中的作用正变得更加重要。日益复杂的现代计算机系统是增加对黑科技投入的幕后推手，同时它也为我们带来了一些深奥的数学理论。

不过，并不是只有电脑极客和数学小天才才能感受到数

1	2	3	4	5	6	7	8	9	0

我们日常生活中使用的数字由印度-阿拉伯数字（约公元969年）发展而来。

学之美。随着对数学认识的深入，即便是不能理解其中的所有原理，你也一定会在越来越多的地方感受到它的影响。一些最为复杂的数学理论也往往与现实生活息息相关。比如，在空气中袅袅飘散的烟雾以及咖啡里盘旋溶化的奶油中都能发现混沌理论的身影。

数学的本质

数学的独特之处在于它是入世与脱俗的混合体。例如，加法既可以用合并石子来描述，也能被写成像2+2=4这样的式子。而后者不但表示了任意物体间的求和运算，也可被理解为毫无现实意义的抽象关系。

在历史上，数学的发展就是不断将具体事物抽象化的过程。对古希腊人来说，数学是一门具有现实意义的学科，其基础就是研究图形的几何学。x和y这样的符号在他们眼里代表着长度，而其平方和立方则分别被视为面积和体积。不过如何理解诸如负数这样的对象，却令持有上述实用观点的希腊人头疼不已。

在接下来的千年中，数学在形式上演化得更为抽象，因而也更具灵活性。但其实用性却丝毫未因此而减弱。一个想法即便是初时完全以理论为基础得出，最终在现实中也总能找到其用武之地。法国数学家约瑟夫·傅里叶（1768—1830）关于对三角函数的无穷级数所进行的研究就是以上说法的有力佐证。不错，这是项听起来很复杂的工作。在傅里叶的有生之年，它也被视作为解决纯数学中的理论难题所进行的探索。不过，时至今日，傅里叶当年的工作已成为模拟和数字信号间转换的基础，模拟音频信号转换为数字信号正得益于此项技术。

数学语言

数学的一个令人感叹的特点是它的通用性。我们居住的这个星球上可谓十里不同音，但数学对于所有人来说都别无二致。在我的班上有许多交换生，其中多数来自欧洲和亚洲。当他们向我展示来自各人故乡的教科书时，里面的文字对我来说宛如天书，不过其中的数学符号却是我所熟悉的。

这难道不令人惊讶？把数学称为一门最具普适性的语言真是毫不为过。正因如此，在寻找外星人的项目中，我们选择向外太空发送含有 π（见第20～21页）和素数（见第16页）信息的二进制编码，以期待潜在的地外聆听者能够发现我们的存在。虽然外星人大概不会理解我们所使用的任何一种语言，像"你好"这样的问候在他们眼里大概是毫无意义的，不过，只要处理过圆周这样的事物，他们就极有可能知道圆周率。并且，即便不使用十进制的数学系统（满十进一，以十、百、千等为计数单位），外星人也应该明白像开、关或白天、黑夜这样的二元关系。

$$"2x(3x-4)=6x^2-8x"$$

代数是什么

"代数"这个词源于阿拉伯数学家花剌子模（详见第70～71页）所编写的一部名为 *Hisab Al-Jabrw'Al-Muqabala* 的著作，其中"Al-Jabr"就是英文中"algebra"（代数）一词的前身。为此，花剌子模也被一些人称为"代数之父"。

此处，我们仅谈论高中程度的初等代数。也就是说，我们主要关心用来处理数字、变量间运算的代数。当然，代数并非从诞生之日就已成型，类似 $3x+5=9$ 这样的现代记号源于17世纪，勒内·笛卡儿（见第106～107页）在这方面有突出的贡献。

最开始，代数运算皆由语言描述，比如 $3x+5=9$，就被叙述为"三倍某量增五得九"。因此，这个阶段的代数也被叫作文字代数学，其影响一直持续到公元3世纪。今天，这种形式的代数摇身一变就成了给很多学生带来麻烦的应用题。

"数学不分种族，无关国界。文化才是数学唯一的疆域。"

——戴维·希尔伯特

现代数学符号首先出现在勒内·笛卡儿的著作中。

此后，随着简写符号的引入，代数进入了缩略语代数学阶段。这一趋势在丢番图（见第54～55页）和婆罗摩笈多（见第64～67页）的工作中都有所体现。这当然是一个进步，但随后的发展依然需要许多铺垫。

在我们所关心的范围内，符号代数学是代数发展的最终阶段，其表现形式也为今人所熟知和喜爱。在等式$3x+5=9$中，x代表了未知量，我们可以利用已有的信息将它解出。这看上去已经是一个纯粹的理论问题了，完全不需要与任何实际背景发生关联。

虽然在勒内·笛卡儿之前，代数记号已被发展到了相当的程度，但笛卡儿的耕耘才真正使它瓜熟蒂落。因此，现代读者是完全可以理解笛卡儿著作中的数学符号的。而阅读更早的数学作品，对于现在的学生则是困难重重。

至此，我们已掌握了代数发展的历史脉络，期间它变得越来越抽象。在古巴比伦、古埃及和古希腊时代，数学的本质是几何，像0和负数这样的概念在当时被认为是荒诞不经的。即使是在简化的代数记号被引入后，人们依然对负数嗤之以鼻。直到后来，解方程成为了代数的主题。在余下的时间里，这一幅幅历史画卷将在你面前徐徐展开。

第 1 章

代数 ABC

作为热身，我们要回归到最基本的事实。首先，我们来认识一些不同的数，其中包括完全数、有理数、无理数，还有人见人爱、花见花开的 π。随后，你将会了解到如何处理简单的代数方程。当然，一些引人入胜的历史小故事也是必须有的。

数是什么（初级）

　　数就是数，两两之间有分别吗？好吧，这个还真有。和人一样，数字也会拉帮结派。正如在学校里既有潮人也有数宅，数字也有各式各样的别号。比如有些被叫作平方数，有些被称为完全数，还有一个家伙竟有黄金数这样一个封号。在我向你引荐完全数和黄金数之前，让我们先来看看大部分数是怎样被分类的。

数字集合

　　如果你是一个生活在石器时代的穴居人，有一天脑洞大开，决定数数石子来自娱自乐。1，2，3，4，5，等等，等等，于是自然数这个最为基本的数字系统就应运而生了。在此后的年月里，这套数字集合运转良好，直至今日。而对该集合的扩充则是人类思想的又一次伟大飞跃。仅在自然数中加入另一个成员0，就得到了非负整数集合。该集合包含了像0，1，2，3，4，5这样的数字。

　　负数所代表的亏空是很多人的心头之痛。但如果没有负数，商业和银行真的还能存在吗？正整数、零和负整数就构成了整数。换而言之，整数集合包含了…，–3，–2，–1，0，1，2，3，…，也可写为0，±1，±2，±3，…这样的形式。

　　在人们走出洞穴，开始农耕和在家饲养牲畜后，孕育有理数的土壤就形成了。

　　比如，你想用自己养的鸡换一头牛。于是你找到一位牛倌，并了解到一头牛价值20只鸡。而你手上只有15只鸡，不过你的兄弟鲍勃可以借给你5只鸡。那么问题来了，当你把换得的牛宰杀后，需要分给鲍勃多少肉呢？因为鲍勃享有牛的5/20的所有权，理所应当地他可以得到1/4的牛肉。

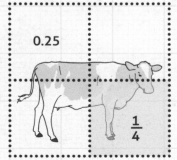

有理数（有限或无限
循环小数）

整数（0，±1，
±2，±3，…）

非负整数（0，
1，2，3，…）

自然数（1，2，
3，…）

无理数（π，$\sqrt{2}$，…）

自然数、正整数、整数和有理数之间的嵌套关系颇为和谐，不过无理数却更为卓尔不群，不肯与它们为伍。

　　这里我们用到了分数，也就是有理数。有理数都可以表示为两个整数a和b的商，即a/b。不过，作为分母的b是绝对不允许为0的。换言之，有理数的小数部分不是有限的就是无限循环的。此前例子中出现的1/4就是有限小数，因为它等于0.25。而如果牛的价格是9只鸡，并且鲍勃和你分别出6只鸡和3只鸡，那么鲍勃就应该得到6/9（=2/3)的牛肉。2/3等于0.66666…，它是一个无限循环小数。

可见这两类小数都是有理数。

　　到目前为止，这些不同的数集就像俄罗斯套娃一样，一一包含。不过这种嵌套关系马上就会被打破。不能用分数表示的数，即包含无限不循环小数部分的数被叫作无理数。两个著名的无理数是π和$\sqrt{2}$（2的平方根）。它们的奇妙之处在于其小数部分既不是有限的也不循环。

零，我们的英雄

　　虽然零被我们频繁地使用，但它的重要性却被大多数人所忽略。对于十进制计数系统来说，零是不可或缺的。若没有零，206和26该如何区分呢？零的存在对于我们是如此自然。不过在历史上，古希腊人和罗马人没有发明一个符号来代表"空无一物"，而零的引入着实是一次理论上的巨大飞跃。

　　在印度著名数学家婆罗摩笈多（参见第64～67页）的著作中"零"首次被作为一个数字来使用。与零相对的是无穷大，有一种观点认为要理解无限，首先就要认识零。事实上，对零和无穷的讨论占据了微积分（这门课也是很多大学生的梦魇）的主要内容。大致来说，微积分处理的是在科学、经济和工程领域中出现的无限大量和无穷小量。所以毫不夸张地讲，零的出现在数学史上是一件值得大书特书的事。

数是什么（进阶）

就像我们会加入象棋俱乐部或慈善组织这样的社会团体一样，数字也是"数"以群分。此前，我们已介绍了像俄罗斯套娃般相互包含的数集，虽然身处这些集合之中的数字可谓自得其乐，但像无理数这样的怪侠也是大量存在的。接下来，我们将看到数字还会以别的方式组成一些其他的小圈子。

素数与合数

素数是自然数中一个非常小的组成部分。如果一个自然数只有两个不同的因子，那么它被称为素数。换而言之，只有当被除数为1或素数自身时，素数除以该数的值才能等于某个整数（该素数自身或1）。要成为素数的一员，也要经过必要的审查。比如：负数是没有资格成为素数的，另外1也不能被称为素数。

合数是素数的对立面，即一个合数能被某个不等于1和它自身的自然数整除。也就是说，自然数中除掉素数和1，剩下的数都是合数。而1不是素数，也没有加入合数的阵营。这也正常，特立独行的不是在哪里都有吗？

平方数

如果要读出等式$4^2=16$，我们大概会说"4的平方等于16"。不过，你可曾考虑过为什么会有"平方"这一说法吗？其实这是由于古希腊人太热衷于几何学，便也将其中的观念套用到了数字上。显而易见，16个点可以构成一个4乘4的正方形，这就是它被叫作平方数的原因。事实上，16在所有平方数中位列第四。对于一般的平方数我们并不陌生，像1，4，9，16，25一样，这些数都落在乘法表的对角线上，它们的通项公式是n^2。

古希腊人也将几何观念套用到了数字上：因为16个点可以构成一个4乘4的正方形，所以16是一个平方数。

用点阵表示的头几个平方数：1，4，9，16。

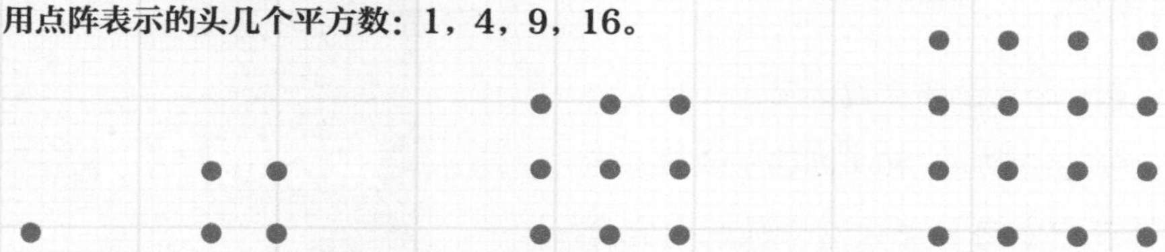

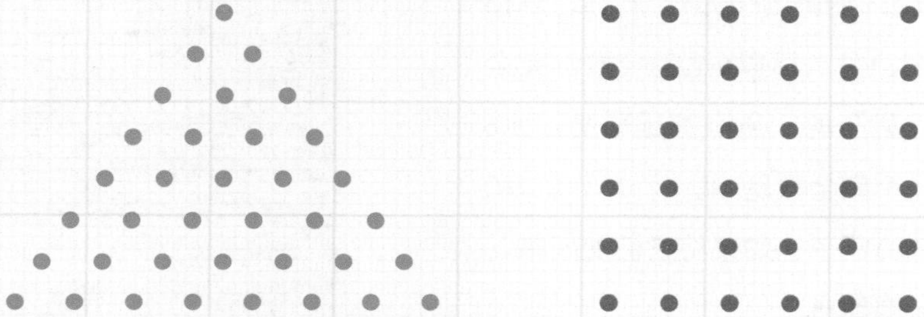

36个点既可以摆放成三角形，也可以构成一个正方形，所以它既是平方数也是三角数。

三角数

像1，3，6，10，15，21这样的数被称为三角数。虽然不如平方数那样声名赫赫，但三角数的得名也同样依据了几何事实。也就是说，只有当某个数目的点可以被摆放成一个三角形时，该数目才配享有三角数这样的称谓。

有意思的是某些数是身兼二职的，既是平方数也是三角数。实际上，我们已经碰到了一个这样的数，就是1。接下来只有数到36，我们才会发现又一个可同时被表示成正方形和三角形点阵的数，紧随其后的1225和41616也前后脚加入了这一俱乐部。由此可见，随着数字的增大，两两相邻的平方三角数间的差距会越来越大。

前9个平方数三角数，其中第9个数已达到万亿级别。

1
36
1225
41616
1413721
48024900
1631432881
55420693056
1882672131025

完全数

若一个数的所有真因子（即除去自身之外的约数）之和（即因子函数）恰好等于它本身，那么这个数就是完全数。用例子来说明这个概念是最好不过的了。比如6的真因子为1，2，3，求和后等于它自身，所以6是完全数。完全数是十分稀少的，所以弥足珍贵。比6大的下一个完全数是28。1，2，4，7和14是它的真因子。如果将它们加起来，我们就会得到28。

第三个完全数是藏身于百位数深处的496，第四个则是处于千位数尾部的8128。

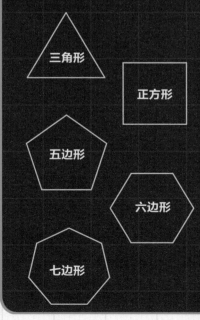 6	$1 + 2 + 3 = 6$
28	$1 + 2 + 4 + 7 + 14 = 28$

数字的几何

就像正方形、三角形分别对应了平方数和三角数一样，能排列成其他几何图形的数字也可被冠之以相应的称谓。针对某些几何形状，下面给出了由它命名的数类的通项公式，用具体数字替代公式中的 n，就可以得到相应集合中的数字。同时也列出了每个数集中的头几个元素。除去平面图形，三维体也可被用来代表某些数字。譬如，若几个三角数所对应的点阵层层相叠后构成一个锥体（形如金字塔），那么这些数字之和就被称为三角锥数。

三角形

正方形

五边形

六边形

七边形

数类名称	一些例子	通项公式
三角数	$1,3,6,10,15,\cdots$	$\dfrac{n(n+1)}{2}$
平方数	$1,4,9,16,25,\cdots$	n^2
五边形数	$1,5,12,22,35,\cdots$	$\dfrac{n(3n-1)}{2}$
六边形数	$1,6,15,28,45,\cdots$	$n(2n-1)$
七边形数	$1,7,18,34,55,\cdots$	$\dfrac{n(5n-3)}{2}$

和 π① 的秘会

π 是数字中的天皇巨星。圣诞节时，我的太太送给我一件绘有 π 的T恤。在我穿着它时，总会有陌生人上前对我说："这T恤酷毙了！"人们喜欢 π，钟爱它所代表的意义。借由 π，不同于日常生活中加加减减的数学走进了普通人的世界。而很多人也是通过 π 第一次认识了无限。那么，现在就让我们了解一下 π 的简史、作用以及它到底有多么重要。

π 是什么

圆周率 π 是圆的周长与直径的比值：

$$\pi = \frac{圆的周长}{圆的直径} = \frac{c}{d}$$

上述公式也许会令人困惑，因为我们已提到 π 是无理数，那它怎能写成分数的样子呢？为回答这个问题，我们要强调只有在 a 和 b 都是整数的前提下，a/b 才被叫作分数。而在 π 的定义式里，周长和直径中至少有一个是无理数。这意味着，若代表直径长度的数字可被严格地写出，那么周长的精确值则是你无论如何也无法掌握的，反之亦然。这难道不奇怪吗？

来源	年代	估计值
《莱因德纸草书》	公元前1650年左右	3.16045
阿基米德*	公元前 250年	3.1418
托勒密	公元150年	3.14166
婆罗摩笈多	公元 640年	3.1622 ($\sqrt{10}$)
花剌子模	公元800年	3.1416
斐波那契	公元1220年	3.141818

（*内外多边形周长的平均值。）

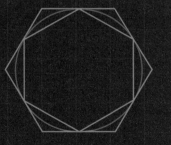

阿基米德估计 π 值的方法是这样的：首先在圆的内外两侧画出正多边形，随后测量它们的周长，并计算测得结果的平均值。

---

①中国古代对圆周率的计算做出了许多重大贡献，有兴趣的读者可阅读《说不尽的圆周率》（人民邮电出版社，2016 年）。——译者注

作为一个常数，π的历史可谓源远流长。古埃及人将它近似为25/8（或3.125），而美索不达米亚人则以$\sqrt{10}$（或3.162）作为它的值。

阿基米德是第一个对π进行深入研究的人。他利用多边形从内外两侧对圆进行逼近。在计算了这些多边形的周长后，他认识到π的实际数值应位于223/71和22/7之间。为大家所熟知的估计值22/7正是由此而来。在阿基米德之后，π的数值被了解得越来越清楚。不过，后人估值也不都比前人的好。今天，多亏了计算机的帮助，π已经被算到小数点后数十亿位了。

与π有关的公式

在1706年出版的《新数学引论》中，威廉·琼斯首次使用希腊字母π来表示圆周率。利用无穷级数，π所代表的数字可以用很多方式表示出来。在14世纪，印度数学家、天文学家马德哈瓦就给出了如下关于π的级数展开：

$$\frac{\pi}{4} = 1 - \frac{1}{3} + \frac{1}{5} - \frac{1}{7} + \frac{1}{9} - \cdots$$

这个级数自然能被用来估计π的值，不过它趋近于π的速度并不快。18世纪的瑞士数学家莱昂哈德·欧拉（参见第124~125页）曾使用过如下级数：

约翰·沃利斯

约翰·沃利斯于1616年出生于英国的阿什福德。1631年，在其兄长的指导下，他学习了算术。次年（1632年），他进入剑桥大学的伊曼纽尔学院学习。在得到学士学位后，他又于1640年获硕士学位。利用所掌握的数学知识，沃利斯曾帮助议会党人破译保皇党人的加密信息。在本书最后一章中，我们将谈论密码。

1649年，沃利斯被任命为牛津大学的沙利文几何学教授，并保持该职位直至去世。沃利斯对现代微积分的发展有很大贡献，并且是首个使用符号"∞"来表示无穷的人。

$$\frac{\pi^2}{6} = 1 + \frac{1}{2^2} + \frac{1}{3^2} + \frac{1}{4^2} + \cdots$$

另一个有趣的公式是由约翰·沃利斯在1656年证明的：

$$\frac{\pi}{2} = \frac{2}{1} \cdot \frac{2}{3} \cdot \frac{4}{3} \cdot \frac{4}{5} \cdot \frac{6}{5} \cdots$$

即便不去钻研那些艰深的数学，单凭这些级数就可以看出π具有多么美妙的性质。也许它对人们历久弥新的引力正是来源于此吧。不仅如此，从车上的时速表、里程表到对易拉罐体积的测算方法，π正在随时随地彰显着它对日常生活的影响。

与规则共舞

想想如果在公路上没有人遵守交通规则会发生些什么？我本打算向你描述我家那边十字路口的拥堵惨状，不过考虑到本书的篇幅限制，我打消了这个想法。但我想说的是，如果没有规则，人们完全可以选择靠左或靠右行驶，而到底是红灯停、绿灯行还是相反，也完全取决于个人的喜好。其结果将是一幅多么混乱的景象呀！

规则和制度

数学也需要像交通法则这样的规范。若没有规则的话，即使对于同样的问题，不同的人也会得出不同的答案。不信的话，就让我们看看萨姆和米娅是如何计算3+4×5的吧。

萨姆有些一根筋，他用3加上4得到7，再乘以5，算出答案为35。而米娅则以另一种顺序进行计算。她先将4乘以5，后用结果20加上3得出23。现在他们正为谁的答案正确而争论不休。

那么谁才是对的呢？下面的解释将表明真理掌握在米娅手里。

在数学中，各种运算符号所享的优先级是不同的。其中的规律可被总结为以下口诀：先括号内，再括号外；先算指数，再算其他；先乘除，后加减；同级运算先左后右。也就是说，拿到一个算术式后，首先要计算括号内的部分。其次，如果式中包含乘方，则要先计算它的指数（8^2中的2就是指数）。随后从左到右依次处理式子里的乘法和除法。最后，按照先左后右的顺序完成加减法运算。在后面，我们将要介绍对数函数和三角函数这样的高级函数。若此类函数出现在式子里，在处理指数的时候，我们同时也要完成对这些函数的计算。

如果你回想一下各种运算的意义，就会发现关于优先级的规定是合情合理的。加法是我们学到的第一种运算，乘法不过是将相同的数加起来的快捷方式。比如"2乘以5"就是将2相加5次罢了：

$$2 \times 5 = 2 + 2 + 2 + 2 + 2$$

而乘方无非就是相同数字的多次乘积，如：

$$2^5 = 2 \times 2 \times 2 \times 2 \times 2$$

可见优先级高的运算都是建立在低优先级运算的基础之上的。

多重括号

当应用前述的规则处理含有多重括号（括号内的式子里也含有括号）的式子时，需要格外小心。在下面的例子里，我们将展示在这种情况下如何进行计算：

$$9 + 3 \times [\, 8 - 2 \times (6 - 5) \,]$$

为化简该式，我们从最内侧的括号着手。首先计算6−5得到1，于是上式简化为：

$$9 + 3 \times (8 - 2 \times 1)$$

不过2×1就等于2，这样一来，该式又能被简化为：

$$9 + 3 \times (8 - 2)$$

接下来由于最后一个括号内的部分等于6，于是整个式子变为：

$$9 + 3 \times 6$$

而这一来只需要计算9+18，所以最终结果为27。

分组所产生的问题

某些被默认的分组规则有时也会使人困扰。比如$x \cdot x - 3$和$x\,(x-3)$并不相同。前者是$x^2 - 3$，而后者等于$x^2 - 3x$。

那么当有人写下$1/2x$时，他们到底是想表示"1/2乘以x"还是"1除以$2x$"呢？如果用10替换x，那么前一种解释会给出5，而后一种情况则会取值为0.05。真可谓是差之毫厘，谬以千里。分组规则就是用来避免类似的歧义的。

最后，关于分数线有一条不成文的假设。即分数线以上及以下的部分都被视作包含在括号中。也就是说，如果完整地把$\dfrac{x+1}{x-3}$写出来，应该是$\dfrac{(x+1)}{(x-3)}$。

这些并不是关于运算优先级的所有规则，仅在计算机科学中就有更多的运算及相应的优先级规则需要处理。在数学里，同样也还有很多其他的运算，比如将要在后面介绍的阶乘（参见第112～113页）。

表达式、等式和不等式

为了谈论等式和不等式，我们首先要解释一下相关的术语。表达式是由数字和变量构成的式子，有时能被化简，但其中不允许出现等号或不等号（表示不相等的符号）。而在等式中一定要有等号出现。将等式中的等号替换为不等号，我们就得到了不等式。

下面就是一个普通的表达式：

$$\frac{(3x-4)+5}{5x}$$

举一个等式的例子：

$$3x - 5 = 13$$

顺便也来看看不等式：

$$3(x + 2) \geqslant 2x + 5$$

在不等式中需用到多种符号来表示不同的不等关系，其中">"表示严格大于，"$\geqslant$"代表大于或等于，分别对应了严格小于和小于或等于的"<"和"$\leqslant$"。

乍一看，不等式好像有些奇怪。但在日常生活中，我们却常常会用到它们。比如，在谈论最大值和最小值时，我们实际上就在使用不等式的概念。

数轴上的不等式

虽说满足不等式的数字有无限多个，但我们一般可将它们直观地在数轴上描绘出来。比如对于$x \leqslant 3$来说，我们可以在3的位置画上实心圆，并将数轴上位于3左侧的部分涂黑（见下图）。如此一来，图中加深的部分就囊括了满足该不等式的所有数字。依法炮制，$x > -2$的解也能被标注在数轴之上。不过此时，在-2处我们要画空心圆，且将其右侧的部分涂黑。也就是说，在表示包含相等关系的不等式（换言之，不等号为$\leqslant$或$\geqslant$）时，我们使用实心圆，而用空心圆表示不含相等关系的不等式（此时不等号为<或>）。

对于$3x-5$这样的表达式，通常我们是做不了什么的。不过通过添加等号及等号右侧的部分，表达式就摇身一变成了等式方程。$3x-5 = 13$就是通过这样的操作得到的。对于一个方程，我们总可以尝试去寻找它的解，如$3x-5=13$的解就是$x=6$。同样，$3x-5 > 13$这样的不等

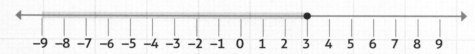

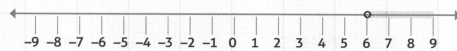

式方程也能被求解，它的解为$x>6$。

可见，等式方程的解是离散的（或确定的）。对于前例，只有当x等于6时，等式才能成立。与此相反，不等式的解是一个范围，比如7，8，6.000001都满足不等式方程$3x-5>13$，而上段结尾处已经指出任何大于6的数都是它的解。利用前述的办法，不等式方程的无限多个解可以在数轴上表示出来。比如在上面的图中，6右侧的阴影部分就代表了该方程的解。另外，请注意在6的位置上我们使用了空心圆，因为6本身并不能使不等式成立。

别忘了改变不等号的方向

就像下面的例子所展示的那样，在求解不等式方程时，人们常会遇到一个陷阱。在故事里，萨姆和大卫与魔鬼做了一项交易。为了出名，他们其中一个人的灵魂将被夺走。魔鬼决定交给他们一项任务，并表示把差事做对的人就可以保留自己的灵魂。这项任务就是求解不等式方程$-3x>15$。

萨姆和大卫用不同的方法解决了这个问题。通过不等式两侧分别除以-3，萨姆表示方程的解是$x>-5$。大卫则首先把$-3x$换到不等号的右侧，同时将15移到左边。在原方程转化为$-15>3x$后，他在两侧除以3，得到方程的解为$-5>x$。也就是说萨姆认为x应该大于-5，而大卫则持相反的意见。

如果萨姆是对的，那么-4应该是方程的解。不过把-4代入原方程，我们将得到$12>15$这个错误的结果。而对于大卫，-6一定是解。用-6替换x的结果是$18>15$，这显然是正确的。通过这个例子，我们发现在不等式两侧同时乘上或除去一个负数时，为了得到正确的结果，必须同时改变不等号的方向。不过，这条重要的规则却常被大家抛在脑后。

给我们些启示，给我们些符号

今天，虽然很多数学符号是通用的，但依然有不少记号的使用有待被标准化。不过在过去，为大众广泛接受的标记较之现在还要少许多。就连"＝"都是在1557年才由威尔士的医生、数学家罗伯特·雷科德首先使用的。符号"＜"和"＞"初见于英国数学家托马斯·哈里奥特的一本著作中。该书在他去世10年后的1631年问世。现在的观点认为应是该著作的编辑发明了这两个记号。此后又经历了100多年，法国数学家皮埃尔·布格才在1734年引入了大于等于号"≥"和小于等于号"≤"。

多项式的作用

多项式各个都是实力派，当代生活中的许多问题都要靠它们来解决。比如一阶多项式（也叫作线性多项式）可以处理商业中的优化问题（即找到最好的解决方案），二阶（或二次）多项式在与引力问题相关的模型中不可或缺，而更高阶的多项式则多用于描述诸如经济系统这样的复杂对象。

名词术语

● 顾名思义，多项式是由一些"项"构成的。

● "项"是数字与变量方幂的乘积。

● 在项 $3x^2$ 中，3 被称为系数，x 是变量，而 2 是变量的指数。

再如，对于 $5xy^3$ 来说，5 是系数，x 和 y 是变量，1 和 3 分别是 x 和 y 的指数。这里需要指出，虽然在 x 的右上方并没有明确地写上指数，但大家默认在这样的情况下指数为 1。

系数 —— $5xy^3$ —— 指数

变量

多项式中变量的指数必须为正整数，分数、负数和无理数都是不被允许的。类似 $4x^{\frac{1}{2}}$，$2\sqrt{x}$ 和 $\dfrac{5}{x^2}$ 这样的式子都不能出现在多项式中，因为它们关于 x 的指数都不是正整数。

给多项式起名字

有些多项式因其含有项的多寡而得名。只有一项的多项式叫作单项式，而二项式、三项式分别包含两个项和三个项。拥有更多项的式子统称为多项式（多项式的英文"polynomial"中的"poly"就有"许多"的意思）。此外，单项式的指数之和叫作该单项式的次数，多项式的次数就是其中单项式次数的最大值。例如：单项式 $3x^2-4x+5$ 的最高次数是 2，所以它是一个二次三项式。

多项式对于代数十分重要。利用一

阶多项式（或线性函数）来解决问题的历史可以追溯到很久以前。而在科学、工程、数学和经济的很多分支中，二阶多项式（也叫作二次函数）都有着广泛的应用。古代的巴比伦、希腊、印度和阿拉伯数学家都曾广泛地研究过这种多项式。比如古巴比伦人就曾利用平方表（记录数字平方值的表）来进行乘法计算，其背后的原理就是下述公式：

$$ab = \frac{(a+b)^2 - (a-b)^2}{4}$$

由于在表中可以查到$(a+b)$和$(a-b)$的平方值，接下来只要将找到的两个数值相减，再除以4就得到了相应的乘积。举例来说，12×8应该等于：

$$\frac{20^2 - 4^2}{4}$$

此时通过查表可以知道20^2和4^2的值，将它们代入前面的式子就得到：

$$\frac{400 - 16}{4}$$

进一步简化为：

$$\frac{384}{4}$$

最后的结果为96。

多项式简史

正如此前提到的，在很久以前，人

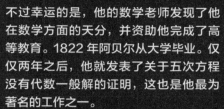
们已经开始对多项式进行研究。对于求解二项式方程的讨论甚至可以追溯到古巴比伦时代。在公元前300年左右，古希腊数学家欧几里得（参见第44～45页）就给出了二项式方程的一种几何解法。而直到1000多年以后，印度数学家婆罗摩笈多（参见第64～67页）才用接近现代的方法求解了二项式方程。

接下来，在16世纪的意大利，如何求解三次、四次方程甚至成了严肃的数学竞赛主题。此后，尼尔斯·阿贝尔在1824年证明了五次多项式方程的求解公式是不存在的。

让我们谈谈三角学

英文中的三角学一词"*trigonometry*"源于"*trigonon*"（三角）和"*metron*"（测量）这两个希腊词汇。由于几何和天象观测、航海有密切的关系，所以已知的文明都曾发展出几何学。即使在今天，几何在诸如测绘、制图等方面依然有很多应用。

古巴比伦的影响

早在3000多年前，古代巴比伦人就发展了自己的几何学。我们关于一个圆可分为360°，1°包含60′，1′包含60″的观念都来自巴比伦人。所以20.5°也可以写成20°30′，也就是20度30分。巴比伦人使用基于六十进制（逢60进1的进位制）的数字系统，并认为6个60就是整个圆。而今天我们规定1小时有60分钟，1分钟是60秒也正是受了他们的影响。

20°30′

古希腊的贡献

古希腊人所具备的三角学知识已经

六分仪是发明于18世纪早期的航海工具，要使用它必须具备一定的几何知识。

十分先进了。欧几里得（参见第44~45页）和阿基米德（参见第46~47页）探讨了许多几何原理，而这些原理在三角学中都有所对应。

需要说明的是，古希腊人是基于圆上的弦（连接圆上任意两点的线段）来研究三角学的，这一点与现代三角学是不同的。

被一些人誉为"三角学之父"的希帕克斯生于尼西亚，是位天文学家。现在认为是他在公元前2世纪第一次编撰了三角函数表。在求解和三角形边、角相关的问题时，三角函数表是十分有用的。除了编写函数表，希帕克斯还把圆分为360°的想法引入了希腊。

不久之后，门纳劳斯（约公元70—130）撰写了关于球面三角学的著作，而天文学家托勒密（约公元85—165）则在长达13卷的《天文学大成》中进一步发展了希帕克斯的工作。

一本1611年版的天文学图书的扉页（见右图），其上绘出了包括希帕克斯（上方）在内的许多著名人物。

相似三角形

共享同一组内角的三角形被称为相似的。虽然相似三角形的大小不同，但对应边的长短比例是不变的。所以，如果我们知道 A 是 a 的两倍，那么 B 的长度也是 b 的两倍，而 C 也有两个 c 那么长。

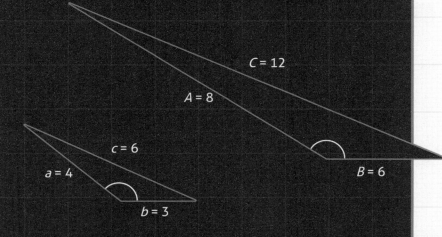

$C = 12$

$A = 8$

$c = 6$

$a = 4$

$B = 6$

$b = 3$

印度和波斯的遗产

现代数学中所用的正弦及余弦函数的雏形由印度数学家阿耶波多（公元476—550年）给出，他的著作里包含了现存最早的正弦表。后来，生活在7世纪的印度数学家巴斯卡拉给出了一个颇为精确的正弦函数的近似公式（公式中变量以弧度为单位。弧度是不同于圆心角的另一种角的度量单位，一周的弧度数为2π）：

$$\sin x \approx \frac{16x(\pi - x)}{5\pi^2 - 4x(\pi - x)} \quad (0 \leq x \leq \frac{\pi}{2})$$

利用这个公式，即便没有正弦表，人们也可以估计正弦函数的值了。再往后，印度数学家的工作向西传入了波斯。花剌子模（参见第70～71页）在公元9世纪为正弦、余弦及正切函数制作了数值表。一个世纪之后，伊斯兰数学家所使用的三角函数表不仅已包含了全部6个比值的关系（对应了6种不同的三角函数），而且角度的间隔仅为四分之一度，数值精度更是达到了8位。出生于西班牙科尔多瓦的阿尔-杰亚尼（Al-Jayyani）在11世纪编撰了一部数学书籍，其中出现了与直角三角形相关的数学公式。杰亚尼的相关工作对欧洲的数学产生了直接的影响。

三角学的现状

三角学在今天有十分广泛的应用。除了先前已经提到的测绘、制图，它在导航领域也正大显身手。以前航海时水手用以测定方位的六分仪以及今日的卫星制导系统都有赖于三角学。不仅如此，为模拟诸如金融市场这样的系统所建立的基础理论中也常常会出现三角学的身影。

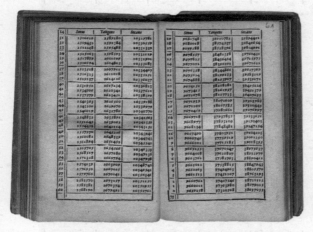

一本17世纪早期的图书，
其中给出了许多三角函数的值。

6 个好伙计

直角三角形的内角和各边长之间的比例关系有 6 位代言人。如果你曾用科学计算器处理过三角函数，那么你对它们应该并不陌生。如果你现在还没见过它们，也不打紧，因为认识它们并不难。简单说来，它们的工作就是帮助你从已知的角度和边长求出那些你不知道的量。而要做到这点，你只需要记住这 6 个好伙计：

sine θ = 对边 ÷ 斜边

cos θ = 邻边 ÷ 斜边

tan θ = 对边 ÷ 邻边

csc θ = 斜边 ÷ 对边 (注意这就是正弦函数的倒数)

sec θ = 斜边 ÷ 邻边 （注意这就是余弦函数的倒数）

cot θ = 邻边 ÷ 对边 (注意这就是正切函数的倒数)

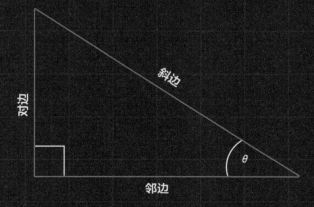

第 2 章

古典数学

当回望数学的往昔时，人们一定会想到古希腊。毕竟许多数学符号以希腊字母书写，如 π 和 φ（黄金比率）都可归于此类。另外，若你随意向他人询问其所知道的数学家，多数情况下，毕达哥拉斯、阿基米德或其他一些古希腊逝者的名字将会被提及。虽然也许只有西方人对古希腊才如此熟悉，但作为本次代数探秘的第一站，古希腊的吸引力并不会因此而降低分毫。

毕达哥拉斯

许多西方人知道的第一位古代数学家可能就是毕达哥拉斯，在他之前的数学家大多没有留下姓名。从上学之初，我们就一直在学习算数。彼时，数字的功用唯计数而已。只有在接触到毕达哥拉斯定理（即勾股定理）后，数才第一次与形产生了联系。下面我们来讲讲毕达哥拉斯和他的定理对数学产生了多么巨大的影响。

抽象化的能力

公元前570年前后，毕达哥拉斯生于爱琴海中临近土耳其的希腊海岛萨摩斯。他被认为是第一位纯数学家。也就是说，数学之于他并不是一门应用学科，而仅仅是理论上的探索。这种观念上的转变其实是很重要的。仅是从5个苹果、5个人这样的具体事物中将数字5抽象出来，都可谓人类智力上的一项巨大成就。

有别于很多历史人物，历史上与毕达哥拉斯相关的记载十分零散。导致该状况的原因可能有二：或因他的著作未能传世；抑或是他本人仅仅述而不作，完全依靠学生将自己的思想记录下来。其结果就是，我们关于毕达哥拉斯的全部了解都来自这许多零散的记录。而这些记录既有真实可信的部分，也有荒诞不经的传说。

毕达哥拉斯小传

今天我们对毕达哥拉斯生平的了解完全是超乎预期的，毕竟他生活的年代距今已过去了2500多年。毕达哥拉斯的青春时光是在萨摩斯岛上度过的，他的父亲莫尼沙库斯是提尔（古代腓尼基的著名港口）的富商。青年时代毕达哥拉斯常随父亲到处游历。在一次商旅途中，毕达哥拉斯经过米利都，并在那里拜会了希腊哲学家泰勒斯（他同时也是科学家、数学家和工程师），并聆听了泰勒斯的学生阿那克西曼德的讲座。

毕达哥拉斯还去过埃及，并在埃及

毕达哥拉斯学派是宗教和数学团体的混合产物。

与波斯的一场战争中被虏到了巴比伦。公元前520年前后，他回到了萨摩斯岛。不久后，他起身前往意大利南部，并在克罗顿创立了毕达哥拉斯学派。

作为一个组织，毕达哥拉斯学派是宗教和数学团体的混合产物。这个位于克罗顿的组织既是一个学派，也同时具有修道院和公社的特点。这个团体又分为两个阶层，其中一个阶层的成员与毕达哥拉斯一起生活，并接受他的教导，被称为数学家。这些成员在生活中要追求平和，并遵循一些戒律。他们同时也要研习万物的真理，即数学及数字。另外一个阶层被叫作声闻家（Akousmatikoi），他们居住在自己的家中，只在白天去学院听讲。

除去数学，毕达哥拉斯学派的成员也相信灵魂的轮回及转世重生。此该学派还有一项奇怪的规定，它的成员是不允许吃豆子的。

毕达哥拉斯的数学贡献

在数学方面，毕达哥拉斯学派留下了许多遗产，如毕达哥拉斯定理、音乐的数学理论及 $\sqrt{2}$ 的发现。这些成就也

许并非都应归功于毕达哥拉斯个人，学派中的其他成员应该也贡献颇多。但由于毕达哥拉斯学派秉持保密原则，以上各项工作的归属已难以探究了。（接下来，我们将详细介绍毕达哥拉斯定理，而在无理数的相关章节中，我们还会提到 $\sqrt{2}$ 。）在公元前508年，克罗顿的贵族塞隆袭击了毕达哥拉斯学派。毕达哥拉斯逃亡到美塔庞同并于8年后过世。

毕达哥拉斯和音乐

毕达哥拉斯及其学派的成员都对音乐有着浓厚的兴趣。事实上，他们不仅是数学家，也都是音乐家。传说有一次路过铁匠铺时，毕达哥拉斯被从铺子里传出的悦耳的敲击声所吸引。经过观察，他发现工具的大小和所发出的声音是有关联的。利用简单的分数，毕达哥拉斯给出了我们今天所知道的单音。假设你有一个可以发出C音的琴弦，将这根琴弦缩短一半后，再次弹拨，你将会听到一个高了8度的C音。也就是说，琴弦的长度变为原来的一半后，它发出的声音频率将是原先的两倍，也就是说声音会升高一个8度。

音调	琴弦长度
C	1
D	$\frac{8}{9}$
E	$\frac{4}{5}$
F	$\frac{3}{4}$
G	$\frac{2}{3}$
A	$\frac{3}{5}$
B	$\frac{8}{15}$
C	$\frac{1}{2}$

8度音阶中不同单音与琴弦长度的关系。琴弦长度增加1倍，音调会降低一个8度。

毕达哥拉斯定理

毕达哥拉斯定理（即勾股定理）是最为著名的的数学定理之一。在学校里，作为数学中不可或缺的内容，它被教授给每一个学生。此外，这个定理在日常生活中有着广泛的应用。

一个简单的证明

对任意给定的直角三角形，它的两个直角边的平方和等于斜边的平方。这就是毕达哥拉斯定理，用公式写出来就是：$a^2 + b^2 = c^2$。

这个公式虽是以毕达哥拉斯的名字命名的，但早在他之前，这一事实就已为巴比伦人和印度人所知晓了。不过，通常认为是毕达哥拉斯或他的某位门徒首先给出了该定理的证明。

以下就是毕达哥拉斯定理诸多证明中的一个。容易看出，图中大正方形的面积是：$(a + b)^2$，即$(a + b)(a + b)$。

将上式展开整理后就得到：

$$a^2 + 2ab + b^2$$

如图所示，将4个三角形和中间边长为c的小正方形的面积相加，也可以得到大正方形的面积。这个小正

方形的面积为c^2，而每个三角形的面积是$ab/2$，将它们相加的结果是：

$$4 \times ab/2 + c^2$$

化简后就是$2ab + c^2$。

因为我们是在求同一个正方形的面积，所以上述两种方法得到的结果相同。于是

$$a^2 + 2ab + b^2 = 2ab + c^2$$

将出现在等号两侧的$2ab$消去后，即我们所期望的结果：

$$a^2 + b^2 = c^2$$

毕达哥拉斯定理的日常应用

在施工过程中，毕达哥拉斯定理可被用于检验两面墙是否相互垂直。通常的做法是：在一面墙距墙角3米处做一标记，同时找到另一面墙离墙角4米远的位置，然后

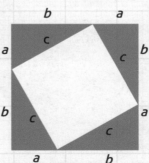

测量这两个点之间的距离。如果结果不是5米，就说明两面墙所成的角度不是直角。而且，若选定离墙角更远的位置进行测量，还可以提高检验的精度。

毕达哥拉斯三元数

3，4，5对应了一个直角三角形的三边长度，具有这样性质的一组数字叫作"毕达哥拉斯三元数"。将一组毕达哥拉斯三元数内的数同时乘以相同的倍数，其结果依然是毕达哥拉斯三元数。可见，存在许多不同的毕达哥拉斯三元数。比如：4:3和16:9分别是一般电视机和宽屏电视机的宽高比，而它们也分别属于两组不同的毕达哥拉斯三元数。下面，我就向你展示一个得到这类三元数的方法。

首先任意选定两个自然数n和m，并且要求n大于m，则：

$$a = n^2 - m^2$$
$$b = 2nm$$
$$c = n^2 + m^2$$

这就是一组毕达哥拉斯三元数。譬如，如果$n=2$，$m=1$，那么：

$$a = 2^2 - 1^2 = 4 - 1 = 3$$
$$b = 2 \times 2 \times 1 = 4$$
$$c = 2^2 + 1^2 = 4 + 1 = 5$$

通过将不同的数值赋予n和m，你希望得到多少毕达哥拉斯三元数就能得到多少。

三维推广

有趣的是在高维空间中也存在相应的毕达哥拉斯定理。对于普通人来说，高维可以理解为我们所生活的三维空间。

苏西有点小小的集物癖，并打算用一个鞋盒来存放她的宝贝。在一家店里，她发现了一支造型新颖的铅笔，不过在付钱之前，她希望知道自己的盒子是否能容纳这支笔。一般人会认为，管它呢，不管三七二十一买回去再说。不过别急着替苏西出主意，她可不那么有主见。

幸运的是，苏西知道自己盒子的尺寸：宽18厘米，长28厘米，高11厘米。分别令a，b，c 等于宽、长、高，利用三维的毕达哥拉斯定理$a^2 + b^2 + c^2 = d^2$，苏西可以算出鞋盒对角线的长度d，即：

$$18^2 + 28^2 + 11^2 = d^2$$

也就是：

$$324 + 784 + 121 = d^2 \text{ 或 } 1229 = d^2$$

在等号两侧开方后，苏西就发现她的盒子可以放进长度不超过35厘米的铅笔。

数学中的根数

很久以前，根数或平方根就已为人所知。公元前1650年左右的著作《莱因德纸草书》（参见第59页）上就有关于平方根的记载。这也并不奇怪，因为平方根同面积、正方形或长方形对角线的长度相关，而古代人在建筑庙宇时自然需要了解与之相关的知识。今天，平方根也有许多应用，比如电气工程师在计算电路中的平均功耗时就需它们。

$\sqrt{2}$ 的由来

2（$\sqrt{2}$）对于毕达哥拉斯学派（参见第36～37页）来说是举足轻重的，发现$\sqrt{2}$这样的无理数着实让他们头疼。毕达哥拉斯学派的宗旨是"万物皆数"，而这里的数仅指有理数。所以，数字竟然不能表示成为分数这样的事实，对于他们来说是难于想象且不可接受的。

据传第一个证明$\sqrt{2}$是无理数的人是毕达哥拉斯的门徒希帕索斯。可是因为学派内的人无法接受这一事实，希帕索斯被判处死刑，最终被溺死。

不过也有说法认为希帕索斯是在海上得到这一发现，并随后被抛入海中淹死的。其实只有天晓得到底曾发生了什么。也许，他仅是被学派除了名。不过这些故事却淋漓尽致地表明人们会为数字变得多么疯狂。

另一位希腊名人

在《圆的度量》一书中，阿基米德（参见第46～47页）不仅对圆周率π进行了计算，同时十分精确地估计了$\sqrt{3}$的数值。

阿基米德得到$\sqrt{3}$的数值应位于265/153和1351/780之间，用小数写出来就是$1.7320261 < \sqrt{3} < 1.7320512$。值得指出的是，以上较大的估计值与真实值之间的误差仅大了不到0.0000004，这真是十分精确的了。而且阿基米德是在没有计算器帮助，并使用非十进制的希腊数字系统完成这一计算的。要知道用希腊数字来做乘除法并不是一件容易的事。一些数学史家认为阿基米德在

进行相关估计时使用了巴比伦方法。

巴比伦方法由以下优美的递归算式给出。从 $\sqrt{S}$ 的一个大概的估计值 x_0 开始，通过 $x_{n+1} = \frac{1}{2}(x_n + \frac{S}{x_n})$ 就可以得到越来越接近真实数值的估计值。

我们现在尝试利用这个方法来估计 $\sqrt{3}$ 的数值。作为参照，计算器算出的 $\sqrt{3}$ 估计值为 1.732050808。首先，我们要选定一个与 $\sqrt{3}$ 接近的数值。因为4的平方根为2，所以我们可以让 x_0 等于2。这个值显然太大了，不过在上面递归式的帮助下，我们将得到更为精确的数值。在式子里用 x_0 替代 x_n，并让 x_{n+1} 等于 x_1：

$$x_1 = \frac{1}{2}(x_0 + \frac{S}{x_0})$$

此处 $x_0 = 2$，$S = 3$（因为我们在计算 $\sqrt{3}$），所以：

$$x_1 = \frac{1}{2} \times (2 + \frac{3}{2}) = 1.75$$

如果仅从头两位判断，那么这个结果已经是正确的了。也就是说 x_1 给出了更为接近 $\sqrt{3}$ 的估计值。将 $x_1 = 1.75$ 再次代入公式，就能得到更好的估计值：

$$x_2 = \frac{1}{2}(x_1 + \frac{S}{x_1})$$

这里 $x_1 = 1.75$，$S = 3$（为计算 $\sqrt{3}$）

$$x_2 = \frac{1}{2} \times (1.75 + \frac{3}{1.75}) \approx 1.7321$$

至此，$\sqrt{3}$ 的前4位数值已经被成功地计算出来了。如果愿意，上面的过程可以一直进行下去，当然所得到的数字与 $\sqrt{3}$ 间的差距也将越来越小。

亚历山大的海伦

除去平方根的计算方法，海伦（公元 10—70）为计算一般三角形面积提供了一个简便的方法，即海伦公式：

面积 $= \sqrt{s(s-a)(s-b)(s-c)}$

此处 $s = (a+b+c)/2$。

将 $s = (a+b+c)/2$ 代入上式，可得到：

面积 $= \dfrac{\sqrt{(a+b+c)(a+b-c)(b+c-a)(c+a-b)}}{4}$

公式中出现的 a，b，c 分别代表三角形 3 条边的长度，而 s 则是三角形的半周长（周长的一半）。这个公式虽看起来并不太漂亮，但却很实用。考虑到古希腊时代进行计算的难度，海伦公式的优越性是不言而喻的。

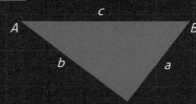

柏拉图

柏拉图的大名在西方世界可谓如雷贯耳，虽然并没有都少人知道他到底做过些什么。他是大哲学家，在数学方面也影响深远。不过，他的数学观念比他的数学发现更为重要。作为数学文化的传承者，柏拉图将毕达哥拉斯及其追随者的数学遗产交到了欧几里得（参见第44~45页）和阿基米德（参见第46~47页）手中。

战时诞生的学者

柏拉图于公元前427年（即伯罗奔尼撒战争爆发后4年）出生在雅典。他的家世显赫，并接受了良好的教育。几乎可以肯定，柏拉图在青年时代曾是苏格拉底的追随者。在柏拉图的对话录中也提到过这位先贤。事实上，苏格拉底遭遇逮捕、审判及处决的事情对柏拉图产生了重大的影响，以致在公元前399年苏格拉底死后，他离开了希腊，辗转去过埃及、西西里和意大利。

在意大利，柏拉图掌握了毕达哥拉斯学派的工作，在此基础上形成了自己关于真实的观念。

毕达哥拉斯学派被认为是第一个从纯智力角度出发开展数学研究的团体，他们将数学从"真实世界"剥离出去的想法深深地打动了柏拉图。

柏拉图认为数学对象具有绝对完美的形态，在现实世界中不可能被创造出来。在《斐多篇》中，柏拉图提到现实

主要著作

《理想国》：这部关于理想社会、统治者及政府的著作是柏拉图最著名的作品。在其中柏拉图也谈论了完美数学对象在现实中的不完美对应。

《斐多篇》：记述了苏格拉底之死，描写了死后的世界，并给出了4个灵魂不灭的论证，同时也提到了美的理念及它们不完美的表现。

《蒂迈欧篇》：在其中柏拉图构造了分别对应于土、火、气、水和宇宙性质的柏拉图体。

> "一般来说，生而善算的人对各类学问也都十分在行；即便是天性愚钝的人，在接受过算术训练后，也往往会变得更加聪明。"
>
> ——《理想国》

中的事物都会试图趋于完美。比如，数学意义下的直线只有长度而没有宽度。可是只有具备一定的宽度，纸上的直线才能被看到，所以真正的直线是无法被画出来的。此外，一条完美的直线应该拥有无限的长度。这点也同样表明理想的直线是画不出来的。当然，通过在线段上画上箭头，可以表示它在两个方向上无限延伸，但这无非就是提供了一个粗糙的近似罢了。

柏拉图和他的学院

公元前387年，柏拉图返回雅典并创办了自己的学院。在公元前347年去世前，柏拉图一直在那里工作。该学院致力于哲学、科学及数学方面的研究。

虽然非常喜爱数学，但柏拉图个人并未从事相关的研究。即便如此，毕达哥拉斯的理念对柏拉图的影响贯穿了他的后半生，而他对数学的敬畏也感染了他的学生们。正因如此，柏拉图成为了希腊数学发展过程中十分重要的一环。事实上，在《理想国》中，柏拉图就表明只有在掌握了算术、平面几何、立体几何、天文和音乐这5门课程后，一个人才可以开始学习哲学。

实际上，一些数学确实和柏拉图有关，譬如柏拉图体，即正四面体、正六面体、正八面体、正十二面体和正二十面体。不过虽说这些正多面体是以柏拉图之名命名的，但在此之前，它们其实早已为人所知了。

文艺复兴时期的画家拉斐尔所创作的油画《雅典学派》，其中描绘了许多著名的思想家，如柏拉图、苏格拉底和阿基米德。

柏拉图体

　　三维几何中的柏拉图体和阿基米德体（见第48~49页）都令人兴味盎然。从日常可见的物品，如骰子到分子的形状（甲烷是正四面体）甚或是病毒（疱疹病毒是正二十面体），你总会在许多有趣的地方发现这些多面体的身影。

　　柏拉图体是指正四面体、正六面体（立方体）、正八面体、正十二面体和正二十面体这5种正多面体。虽被称为柏拉图体，但这些为人们所熟悉的立体却很可能并非由他本人发现。

　　有证据表明正四面体、正六面体和正十二面体已为毕达哥拉斯学派所知。不过正八面体和正二十面体则是由毕达格拉斯门下的古希腊数学家泰阿泰德（公元前417—前369）发现的。在柏拉图的两部对话录中，泰阿泰德也是主要人物。此外，在欧几里得所著的《几何原本》第13卷中，上述说法也获得了支持。

　　正多面体仅有上述5种。泰阿泰德被认为是第一个证明了该事实的人。即便他的证明并不完全，但其论证已足以表明在三维空间中该结论成立。

柏拉图体的性质

　　首先，我们需要说明到底何为柏拉图体。要成为柏拉图体，一个立体必须由全等的（相同的）多边形围成，不同的面只可以在边界处相交，并且在每个顶点相交的面的数目要相同。也就是说，柏拉图体不论哪一面朝下放置，看起来都是一样的。正是由于这种一致性，骰子才被制作成这样的形状。常见的骰子有6个面，是正六面体（立方体）。而形为其他正多面体的骰子则常

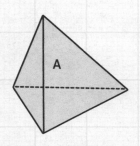

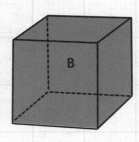

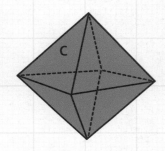

关于面

柏拉图体的面、棱和顶点的数量间是有关系的。比如正四面体拥有 4 个面、4 个顶点（不同棱的公共点）和 6 条棱，立方体有 6 个面、8 个顶点和 12 条棱。参看下表中的最后一列，你会发现 5 种柏拉图体的面、棱和顶点之间存在一个简洁的数量关系。

多面体	面的数量（F）	顶点的个数（V）	棱的条数（E）	$F+V-E$
正四面体	4	4	6	4+4-6=2
正六面体	6	8	12	6+8-12=2
正八面体	8	6	12	8+6-12=2
正十二面体	12	20	30	12+20-30=2
正二十面体	20	12	30	20+12-30=2

见于角色扮演和战争类桌游之中。在位于上方的图表中，我们列出了正多面体的面、顶点和棱之间有趣的数量关系。

此外，柏拉图还将某些虽无科学根据却令人浮想联翩的性质赋予了他的多面体。他一手促成了古代世界中的基本元素和正多面体的联姻。其中正四面体、正六面体、正八面体和正二十面体被分别分配给了火、土、气、水，而正十二面体作为第5个柏拉图体则被赋予了联系宇宙万物的责任。

柏拉图体的特别之处在于它们是唯一的所有面、棱、角都完全相同的几何体。

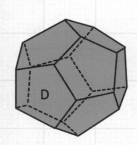

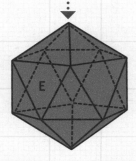

A: 正四面体（以正三角形为底的金字塔形状）
B: 正六面体（立方体）
C: 正八面体（有8个面的正多面体）
D: 正十二面体（有12个面）
E: 正二十面体（有20个面）

欧几里得

　　生活在亚历山大的欧几里得是公认的几何学之父。他的多卷本巨著《几何原本》在两千多年里一直是几何方面的权威读本，因此被誉为数学史上最成功的教科书。我们在学校里所学的几何就被称为欧氏几何。事实上，截至19世纪早期，这也是为人所知的唯一一种几何学。欧式几何是最为人们所喜爱的数学分支之一，教授和学习它都充满了乐趣。

欧几里得的生平

　　虽然欧几里得的不朽之作影响深远，但令人惊奇的是对于他的的生平我们却知之甚少。欧几里得生于公元前325年左右，出生地不详。有些观点认为他曾在柏拉图所设立的学院（参见第40～41页）内学习，不过这应该是柏拉图去世之后的事情。据传他活跃于托勒密一世（亚历山大大帝麾下的一位将军，于公元前323—前283年间统治埃及）辖下的亚历山大里亚，并在那里教学授课。

　　我们对欧几里得生平的了解可谓是寥寥无几，以致有些人怀疑历史上是否真的存在过这样一个人。

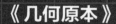

　　对此，现存3种观点：欧几里得确有其人，并且独立创作了《几何原本》；欧几里得是一个数学团体的领导者，该团体以欧几里得的名义共同写作（类似于毕达哥拉斯和他的学派）；没有欧几里得这样一个人，不过一个数学组织借欧几里得之名发表自己的作品。如果就像我本人所相信的那样欧几里得曾生活在这个世界上，那么他应该是在公元前265年左右去世的。

《几何原本》

　　在包含了13卷的旷世巨著《几何原本》中，欧几里得对几何和数论进行了讨论。一个常见的误解是《几何原本》中的内容都是欧几里得独自发现的。但这是不对的，其实书中大多数内容在欧几里得之前就早已为

　　　　"通往几何并没有皇家大道"
　　　　　　　　　　——欧几里得

人所知了。欧几里得真正的成就在于收集并系统整理了这些知识，并为许多事实提供了证明。在他之后，数学的发展被建立在了更为严格的基础之上。

通常我们在学校里学到的平面几何就是《几何原本》前6卷中的内容。在第一、二卷中包含了与三角形、正方形、长方形、平行四边形和平行线相关的内容。毕达哥拉斯定理（参见第36~37页）就出现在第一卷中。第三卷中讨论了圆的性质，而第四卷涉及和圆有关的问题。第五卷主要从线段长度的角度探讨了可公度量和不可公度量（两个长度之比若为有理数，那么它们被认为是可公度的；反之，若比例为无理数，则这两个长度是不可公度的）。第六卷包含第五卷内容的应用。

第七至第九卷涉及数论。第七卷中记录了计算两个数最大公约数的欧几里得算法，同时也讨论了素数和整数的分

这些页面取自德国人艾哈德·拉索尔特制作的欧几里得《几何原本》的首个印刷本。

解性质。第八卷转向几何级数。第九卷中讨论了等比级数求和、完全数（参见第18页）和一些其他的内容。给毕达哥拉斯带来无尽烦恼的无理数被安排在了第十卷里。

第十一至第十三卷用来处理立体几何。第十二卷是关于球、锥、圆柱和四面体的表面积和体积的。在该书的第十三卷中，5种正多面体（即柏拉图体）的性质得到了讨论。

其他著作 ◀

《已知数》：关于在给定图形某些性质的前提下，如何推导出另一些未知的性质。

《图形的分割》：关于如何将已知图形分割为相等的两个或多个部分。

《反射光学》：镜面反射的数学理论。

《现象》：关于球面天文学。

《光学》：透视的数学理论。

《圆锥曲线》（失传）：关于圆锥曲线的著作（参见第74~75页）。

《纠错集》（失传）：关于逻辑错误的教科书。

阿基米德

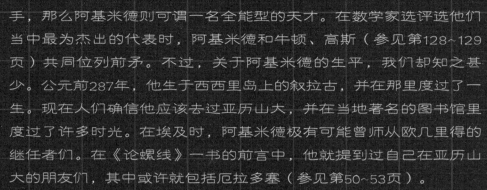

　　"如果说欧几里得是几何方面的好手，那么阿基米德则可谓一名全能型的天才。在数学家选评选他们当中最为杰出的代表时，阿基米德和牛顿、高斯（参见第128~129页）共同位列前矛。不过，关于阿基米德的生平，我们却知之甚少。公元前287年，他生于西西里岛上的叙拉古，并在那里度过了一生。现在人们确信他应该去过亚历山大，并在当地著名的图书馆里度过了许多时光。在埃及时，阿基米德极有可能曾师从欧几里得的继任者们。在《论螺线》一书的前言中，他就提到过自己在亚历山大的朋友们，其中或许就包括厄拉多塞（参见第50~53页）。

"我找到了！"

　　与阿基米德生活相关的事实大多无法被确认，但有一些引人入胜的故事，其中最为人们耳熟能详的是与黄金王冠有关的传说。据传，有人将一顶金冠作为礼物呈献给叙拉古的国王希罗二世（公元前270—前215，有可能与阿基米德有亲属关系）。希罗二世想知道这顶王冠到底是不是纯金的。如果王冠是立方体或其他的规则形状，那么阿基米德能够立刻给出这个问题的答案。可是，不幸的是历来王冠的形状都是不规则的。阿基米德知道各种金属的密度是不同的，所以只要能够比较王冠和具有相同体积的黄金的重量，问题就迎刃而解了。于是他所面对的难题就转化为"如何才能确定不规则物体的体积"。也许该问题令他十分烦躁并出了一身汗，于是他决定泡一个史上最著名的澡。当跨入浴盆时，他注意到水面升高了。于是

"给我一个支点，我将撬起地球。"
——阿基米德

　　在阿基米德的想象中，他处于深空某处，借用杠杆移动地球来展示简单机械的力量。

他推断升高水面所需水的体积应等于没入水中的身体的体积。阿基米德当即意识到自己已经握有了解决王冠问题的钥匙。

这一发现令他兴奋无比。于是他夺门而出，在街上一边狂奔一边高喊："尤里卡！尤里卡！"（意思是"我找到了。"）至于当这名天才飞奔而过时，他的邻居们会作何感想，我们只能让读者自己去想象了。

我和我的死光

另一个使人着迷的故事与阿基米德超越时代的发明"死光"有关。相传在罗马对叙拉古的一次进攻中，士兵在阿基米德的指挥下手持经抛光的铜制盾牌在海湾列队，并站成抛物线（参见第102~103页）的形状。当一艘罗马战舰逼近时，岸上的士兵通过将阳光反射到该舰上，成功地点燃了这艘船。近年来，总有人试图去验证这个传说，最近

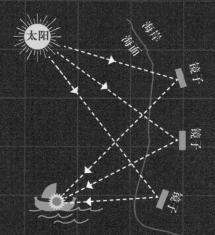

阿基米德的热射线
据说通过将阳光会聚到一点，阿基米德制造出了热射线。这也许会令人联想到拿着放大镜的孩子们。

的尝试由《流言终结者》给出。虽然故事中的情况不太可能是真实的，但其中的原理却能被用于接收电视信号。事实上，卫星天线就是通过金属抛物面（就是我们常见的圆盘）将信号反射会聚到信号接收器（位于圆盘前端支架的末端）上的。

主要著作

《平面图形的平衡或其重心》：关于物体重心和杠杆的两卷本著作。

《圆的度量》：某部作品的一部分，含有阿基米德对 π 的估算以及一些其他的命题。

《论螺线》：其中描述了阿基米德螺线。

《论球和圆柱》：在这本书中，阿基米德证明了若一个圆球内切于一个圆柱体之内，那么圆球的体积为圆柱体积的 2/3。在

他的墓碑上就刻有一个圆柱内切球的图形。

《论浮体》：虽然并未记述有关"尤里卡"那灵光一现的时刻，但阿基米德却在本书中给出了他的浮力原理。

《数沙者》：在本书中，阿基米德发展了一套用于处理非常大数字的体系，并借此估计了宇宙中沙子的总数。

阿基米德体

　　先前提到的柏拉图体是正多面体（其所有的面都相同），而阿基米德体可以拥有两种或两种以上的面，所以被称为半正多面体。

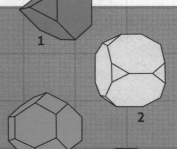

1

2

3

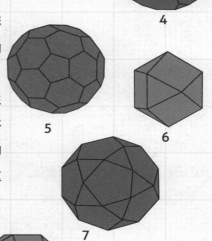

4

有些陌生的形状

　　虽说阿基米德体由不同的正多边形围成，但它们的每个顶点都是正规的（也就是说，每个顶点的情况相同）。这些立体的形状看起来有些陌生，在生活中也不如柏拉图体常见。不过我们将看到和柏拉图体一样，阿基米德体的面、棱、顶点的数量也满足 $F+V-E=2$ 这样的关系。

5

6

7

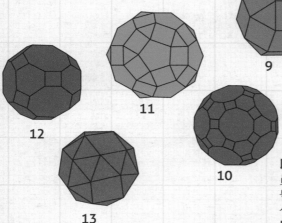

9

8

11

12

10

13

　　阿基米德体对于大多数人来说可能比较陌生，但它们中也有较为人所知的成员，比如足球的形状本质上就和图中的5号阿基米德体相同。不过，会有人想用这个愣头愣脑的截角二十面体足球来踢一场比赛吗？

阿基米德体

名称	面	顶点	棱
1. 截角四面体	8(4 个正三角形, 4 个正六边形)	12	18
2. 截角立方体(六面体)	14(8 个正三角形, 6 个正八边形)	24	36
3. 截角八面体	14(6 个正方形, 8 个正六边形)	24	36
4. 截角十二面体	32(20 个正三角形, 12 个正十边形)	60	90
5. 截角二十面体	32(12 个正五边形, 20 个正六边形)	60	90
6. 截半立方体	14(8 个正三角形, 6 个正方形)	12	24
7. 截半十二面体	32(20 个正三角形, 12 个正五角形)	30	60
8. 扭棱十二面体	92(80 个正三角形, 12 个正五边形)	60	150
9. 小斜方截半立方体	26(8 个正三角形, 18 个正方形)	24	48
10. 大截顶三十二面体	62(30 个正方形, 20 个正六边形, 12 个正十边形)	120	180
11. 小斜方三十二面体	62(20 个正三角形, 30 个正方形, 12 个正五边形)	60	120
12. 大斜方截半立方体	26(12 个正方形, 8 个正六边形, 6 个正八边形)	48	72
13. 扭棱立方体	38(32 个正三角形, 6 个正方形)	24	60

厄拉多塞

在中世纪欧洲，地球是平的这一观念依然被普遍接受，这的确令人惊讶。其实即便在那时，针对该观点也存在不少反证。首先，海船在地平线处是逐渐消失的。其次，日、月乃至星辰看上去都是圆的。不仅如此，就连月蚀过程中，地球在月亮上的投影也是圆形的。基于以上这些，古代的科学家应该早已判断出地球是圆的。不过奇怪的是，那时的发现未能流传下来。

厄拉多塞的生平

古希腊的数学家和天文学家厄拉多塞于公元前276年出生于昔兰尼，此地位于今天利比亚境内。他一生建树颇多。作为天文学家，他计算了地球的周长、地球与月亮和太阳间的距离。作为学生，他曾追随芝诺的弟子、希俄斯岛的阿里斯顿。作为教师，他指导过托勒密三世（亚历山大大帝麾下将军托勒密一世的孙子）的儿子。作为数学家，他

则因判定素数的"厄拉多塞筛法"闻名于世。另外，他还是一位地理学家，曾绘制了尼罗河区域的地图及第一张当时已知世界的地图。他甚至还编写包含闰年的历法。虽然坐拥如此的成就，厄拉多塞却获得了"beta"这样的外号，也就是"千年老二"。这是因为虽然他在很多领域都干得不错，但却永远不是其中最棒的。不过，即便这样，如此称谓也确实有欠厚道了。晚年时，厄拉多塞

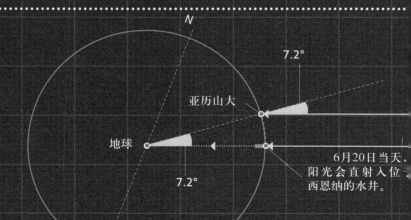

N

亚历山大

7.2°

地球

7.2°

6月20日当天，
阳光会直射入位
西恩纳的水井。

失明了。他于公元前195年去世，据传
是因绝食自杀而死。

开眼看世界

厄拉多塞关于地球周长的计算（见
下图）简直令人难以置信。虽然有人以
影响结果的变量过多为由质疑它的真实
性，但这丝毫不妨碍它成为一道精彩绝
伦的数学习作。

厄拉多塞注意到在夏至日正午时
分，太阳正好位于西恩纳（今天的阿斯
旺，地处埃及境内）的正上方，也就是
说当地物体的投影将会消失（事实上，
那里的物体依然会投下非常小的影子，
因为阿斯旺其实是在北回归线稍北的
位置）。

于是，他在夏至时测量了亚历山大
地表物体投影的角度，并得到了十分精
确的结果：7° 12′，即7.2°。这表明两
地之间的距离是地球周长的7.2/360（即
1/50）。到此为止，一切都很简单。

厄拉多塞注意到在夏至日正午时
分，太阳正好位于西恩纳的正上方，也
就是说当地物体的投影将会消失。

虽然厄拉多塞已经知道了西恩纳和
亚历山大间的距离是地球周长的1/50，
但这个距离到底是多少呢？厄拉多塞声
称两地相距5 000斯塔迪昂（古希腊的长
度单位）。不过1斯塔迪昂到底是多
长？不同的估计表明它对应的长度应该
在157米到185米之间。如果假设古代的
人可以测得亚历山大到西恩纳的直线距
离为843千米，那么除以5 000后就得到1
斯塔迪昂应为169米。不过这样的假设
是难以成立的。且不说厄拉多塞认为亚
历山大位于西恩纳的正北（而实际的方
向是东北），就是考虑到横隔在两地之
间的沙漠和蜿蜒的尼罗河，对于缺乏现

厄拉多塞计算地球周长的天才方法是
基于在夏至时对地表物体投影的观测。

两处标记间的距离为5000斯塔迪昂

太阳

厄拉多塞筛法

厄拉多塞筛法是一种简单高效的素数识别法，尤其适用于对较小素数的判定。当素数较大时，由于使用该方法所需的空间也会很大，所以其有效性会相应降低。下面我们将利用这种方法找出100以下的所有素数。

将1到100依次写在一个10×10的方阵中。首先我们标注出第一个素数2，并同时划去表格中所有2的倍数（因为这些数可以被2整除，所以不是素数）。此后对接下来的3个素数3，5和7重复类似的步骤。在这个过程中，你会发现某些合数已在先前被删除掉了（比如7乘3和3乘7都等于21）。接下来我们将面对第5个素数11，不过此时你会发现表格中只有素数了。

2	3	4	5	6	7	8	9	10
11	12	13	14	15	16	17	18	19	20
21	22	23	24	25	26	27	28	29	30
31	32	33	34	35	36	37	38	39	40
41	42	43	44	45	46	47	48	49	50
51	52	53	54	55	56	57	58	59	60
61	62	63	64	65	66	67	68	69	70
71	72	73	74	75	76	77	78	79	80
81	82	83	84	85	86	87	88	89	90
91	92	93	94	95	96	97	98	99	100

最初的数表

在本例中，我们使用一个10×10的表格来找出100以内的所有素数。

第一个素数

用绿色标注出第一个素数，它的倍数涂以橙色。

下一步是3

3的倍数也要被涂上橙色。

接下来是5

对5的倍数依法炮制。

主要著作

《关于柏拉图》：关于柏拉图的数学哲学。虽已失传，但通过士麦拿的席昂（公元 70—135），我们了解到这部著作的存在。席昂本人的工作与素数、几何数和音乐有关。

《比例》：关于几何，已失传。希腊几何学家帕波斯（公元 290—350）曾提到过这部著作，并将它誉为最伟大的几何学著作之一。

《地球的测量》：在这本已失传的书中，厄拉多塞计算了地球的半径。希腊天文学家克莱门德（公元 10—70）和士麦拿的席昂都提到过这部著作。

代科技帮助的古人，直线旅行也很不现实。

其实除此以外，还有很多因素可能导致误差。不过我们暂且基于这些并不精确的数据来估算地球的周长。因为5000斯塔迪昂是地球周长的1/50，所以250000斯塔迪昂就等于地球的周长。若假设1斯塔迪昂为157米，那么地球周长

应为39250千米；而如果取185为1斯塔迪昂的值，则得到的估计值是46250千米。地球周长应为40000千米多一点，那么第一个数字小了几个百分点，而第二个数值则比真实值大了16%。总的来说，作为2000多年前的测量结果，这已经相当精确了。

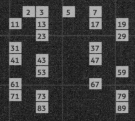

从7往上

7的第一个还没有被涂成橘色的倍数是49，总共有8个数字需要被涂色。

还有吗？

表中余下的数字都已经不能被小于它们的数字整除了……

最终结果

……并且未被涂色的数字的乘积也没有出现在表中，这说明它们都是素数。

丢番图

丢番图是古代世界另一个谜一样的人物。因为写作了《算术》一书，他被某些数学家誉为"代数之父"。不过同一名号也被一些人授予了花剌子模（参见第70~71页）。丢番图获得上述称号也不能说是毫无根据的。与我们熟悉的现代数学不同，古代的数学主要以文字叙述为主，而正是丢番图在他的著作中开启了数学的符号化进程。

丢番图的谜题

作为数学家，亚历山大的丢番图的影响力一直持续到今天。不过对于他的生平事迹，人们知之甚少，就连确定他的生活年代都远非易事。对丢番图的了解大都来自一些二手资料和他本人流传至今的著述。

丢番图生活在公元3世纪的亚历山大，他曾引用过古希腊数学家许普西克勒斯（公元前190—前120，研究过正多面体）的工作。所以，他的出生日期应

在公元前150年之后。而古希腊数学家席昂（公元335—405，他是有记载的第一位女数学家希帕蒂娅的父亲）的书又引用了丢番图的著作，所以丢番图应死于公元350年之前。鉴于此，一般推测他生于公元200年左右，并在84岁时死去。

丢番图在84岁去世的猜测主要基于"丢番图谜题"。该题目初见于公元5世纪的一本希腊数字游戏选集，被叙述为一首打油诗。该诗现存的版本很多，以下是其中的一种：

主要著作

《算术》（*Arithmetica*）：这也是一本问题集（有人说共收录了130道题目，也有观点认为包含189个问题）。这些问题涉及一元方程（单一未知数，解为有限个）和不定方程（包含两个以上的变量，通常有无限多个解）。书中提供了这些方程的数

值解。

《算术》（*The Arithmetica*）：13卷本的巨著，其中6卷得以存世，另有4卷阿拉伯文本被认为是译自该书的其他部分。本书讨论了线性方程和二次方程。不过丢番图只关心正的有理数解，也就是说，他没有考虑0和负数解。在1570年被邦贝

坟中安葬着丢番图，
多么令人惊讶。

透过代数的艺术，
此碑揭露了他的年岁。

上帝给予的童年
占了生命的六分之一；

又过了十二分之一，
两颊生须；

再过七分之一，
爱神降临。

五年之后
天赐贵子。

啊，睿智大师的
宁馨儿

享年仅及其父之半，
便葬身冰冷的墓。

多舛的命运借数论研究来
慰藉，
又过四载，
人生之旅途终完结。

解出这个谜题，就可以知道丢番图活了84岁。但是，正如你所想的那样，通过一个题目所做出的断言是没什么可信度的。即便如此，这个谜题还是值得我们花费一些时间的。用 x 来表示丢番图死前的年龄，那么关于 x 的方程就是：

$$x = x/6 + x/12 + x/7 + 5 + x/2 + 4$$

首先，将含有 x 的项集中到等式的一侧：

$$x - x/6 - x/12 - x/7 - x/2 = 9$$

接下来，求得所有分母的公倍数为84。将等式左侧通分：

$$\frac{84x}{84} - \frac{14x}{84} - \frac{7x}{84} - \frac{12x}{84} - \frac{42x}{84} = 9$$

等式变为：

$$\frac{9x}{84} = 9$$

在两侧乘以84，再同时除以9即得到：

$$x = 84$$

利翻译为拉丁文后，此书对欧洲数学产生了至今仍未消退的影响。法国数学家克劳德·巴切于（创作过一些数学谜题集）也于1621年翻译过此书。而费马（1601—1665）正是在阅读这一译本时，在书的空白处写下了著名的断言："我确信已发现了一种美妙的证法，可惜这里空白的地方太小，写不下。"此后，历经300多年的努力，数学家才最终证明了费马写在空白处的"费马大定理"。

《推论集》：丢番图在《算术》中提到的《推论集》现已完全失传，不过另一本著作《多角数》还有少部分存留下来。

第 **3** 章

一门世界性的
语言

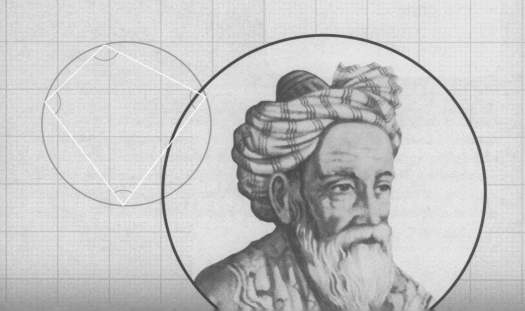

如先前所言，对古希腊的熟悉或许会让大家忽视其他民族在数学发展中的作用。事实上，婆罗摩笈多、花剌子模和奥马尔·哈雅姆这样的杰出人物，连同许多东方的数学家都做出过伟大的贡献。较之古希腊的数学遗产，他们的工作对现代数学也许有着更为重大的影响。

古埃及的数学成就

古埃及人已经掌握了十分先进的数学知识。和我们一样，他们也使用十进制计数系统，但数字的书写却并非基于位值制。因此，他们需要利用不同的符号来表示一、十、百、千、万和百万。其中代表一百万的跪地小人图案是我的最爱。在想象中，这个古代埃及人正单膝跪地举臂高呼："太好了，我赢了一百万，发啦！"

法老时代的数学

下面列出了埃及人用来表示数字的象形文字。将它们进行组合，就可以很容易地写出其他数字。这一点可通过例子说明。1 被记为 |，通过多次重复该记号就可以写出 9 以内的数字，譬如 3 就写为 |||。

当然书写更大的数字也并不困难，你要做的就是将所需的象形文字依大小顺序排列即可。比如 123 就可以写成 ℮∩∩|||。

我们借助进位和借位来完成加减法运算，同样的方法也可用于埃及的计数系统。比如，要计算两个数 28 和 103 的和。把它们用象形文字写出来就是 ∩∩||||||||（28）和 ℮|||（103）。

我们首先将代表单位 1 的符号汇总在一起，就得到了 11。因为 11 是一个 10 和一个 1，类似 10 进制算术，我们需要进位。于是 ||||||||||| = ∩|。接下来对代表十和百的符号重复以上的步骤，最后得到：

28+103 = 131 或 ∩∩||||||||| + ℮|||

埃及象形文字中的数字　古埃及人使用十进制系统，但有趣的是希腊和罗马却在后来放弃了该系统。他们为 5、50 等数字引入了一些其他的特定符号。此后历经多个世纪，十进制系统才再次出现在东方。

1	10	100	1000	10000	100000	100000

= ℓ∩∩∩ι

乘法和除法就复杂了一些。不过古埃及人进行这两种运算的方法却很有趣。简单说来，他们就是将一个乘数不断加倍。比如让我们来计算 11×26：

$$∩∩ιιιιιι = 1 个 26$$

$$∩∩∩∩∩ιι = 2 个 26$$

$$ℓιιιι = 4 个 26$$

$$ℓℓιιιιιιιι = 8 个 26$$

至此已经求出了 8 个 26、2 个 26 和 1 个 26。现在，为了最终算出 11 个 26，我们将它们加起来。首先这 3 个数中共有 16 个 1，进位后可以写为 1 个 10 和 6 个 1。于是我们得到了 8 个 10 和 2 个 100，最终结果为：

$$ℓℓ∩∩∩∩∩∩∩∩ιιιιιι = 286$$

分数在古埃及

古埃及人也可以处理与分数有关的问题，他们通过在除数上方画一个"眼睛"来表示分数。比如 $\frac{1}{2}$ 写出来就是 ⌒ᵢᵢ，而 $\frac{1}{10}$ 看起来是 ⌒∩。

使用这种方法，古埃及人只能直接写出分子是 1 的单位分数。不过只要将不同的单位分数相加就可以得到其他的分数了。例如：$\frac{5}{6}$ 等于 ⌒ᵢᵢ + ⌒ᵢᵢᵢ。

3000 年前的家庭作业

在 1858 年，苏格兰的埃及考古学者莱因德购得了一个长约 6 米、宽约 30 厘米的卷轴，今天称之为《莱因德纸草书》。它于公元前 1650 年前后由阿默斯所作。不过阿默斯表示他当时不过是在抄写一本具有数百年历史的教科书。所以，这本纸草书中的内容应该在公元前 1850 年左右就已为人所知了。

《莱因德纸草书》共列有 87 个题目，其中包含部分基本的算术问题。不过如前所述，用埃及数字来计算乘除也不是件简单的事。另外的题目则涉及几何和解方程。不过，因为我们能够理解的代数直到此后几个世纪后才会出现，所以纸草书中虽有与方程相关的问题，但它们的形式其实在我们看来是陌生的。

《莫斯科纸草书》（也称《戈列尼雪夫纸草书》）长约为 4.5 米，宽约为 7 厘米，其中包含 25 道与几何相关的题目。

配方法

如我们所见，针对一元二次方程（x^2为最高次项）的研究有上千年的历史，人们发展出了许多方法用以处理这类方程。作为初学者，我们将使用一种十分几何化的方法来求解一个这样的方程。这里所用的方法称为配方法。

让气球飞

考虑这样一个事件：小孩子在栅栏内放飞了一只气球，经过一段时间后，气球降落到了栅栏的另一侧。如果知道气球飞行的轨迹是一条抛物线（参见第 102 ～ 103 页）且可用等式 $h = -x^2 - 6x + 40$ 写出，方程中的 h 表示气球的高度，而气球和栅栏间的水平距离（以米为单位）由 x 给出，那么问题来了，放飞气球时小孩子离栅栏有多远？同时，气球降落在栅栏外的什么位置？

要回答上述问题，我们需要求出气球在地面上时与栅栏的距离，也就是当高度为 0（即 $h=0$）时的情况。于是要求解的方程为：

$$0 = -x^2 - 6x + 40$$

为简单起见，在以上等式两侧加上 x^2 和 $6x$，就得到了：

$$x^2 + 6x = 40$$

这样做的好处是，若 x 是正数，几何化的观点可以用于解决上述问题。注意到，x^2 可被认为代表了一个边长为 x 的正方形。类似的 $6x$ 则表示了一个长和宽分别为 x 和 6 的长方形。

如上述等式左侧（$x^2 + 6x$）所要求的那样，将两个图形合并到一起，就得到了一个长和宽分别为 $x+6$ 和 x 的矩形，而该图形的面积为 $x(x + 6)$。

此时，我们当然可以尝试着去猜出 x 的值。如果方程的解碰巧是整数，那么借助一点点运气，这样的做法也许还是可行的。但若是解的取值是有理数或无理数，那么"猜猜看"就不是什么好主意了。

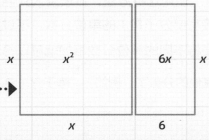

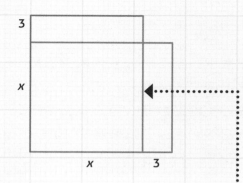

丢番图认为负数解是荒谬的。不过在理论数学中，负数作为方程的解是毫无问题的。

配方

所以接下来，我们需要"配方"。为此，平均分割面积为 $6x$ 的长方形，得到两个具有相同面积（$3x$）的矩形，并将它们分别放置在正方形的上侧和右侧。

现在，只要在右上角补入一个边长为 3 的小正方形，就得到了一个大的正方形。由于 3 乘 3 等于 9，我们在等式两侧同时加上 9，得到：

$$(x+3)^2 = 49$$

现在问题就转化为什么数字的平方等于 49。稍作思考，就知道 7^2 为 49。于是 $x+3$ 必须等于 7，也就是说 $x=4$。

到此为止，一切都很合理。不过，这样的几何手段也会诱导我们忽略上述方程的另外一个解。

丢番图认为负数解是荒谬的。不过在理论数学中，负数作为方程的解是毫无问题的。所以，这种情况也有必要加以考虑。在前述的例子里，$(-7)^2$ 也等于 49，也就是说 $x+3$ 可以等于 -7，即 $x = -10$。必须承认，画一个边长为 -10 的正方形可不是件容易的事，所以从几何的角度来看，这样的解自然不那么讨人喜欢。不过 -10 和 4 作为解的意义是明确的，也就是说，小孩子在距离栅栏内侧 10 米的地方放飞了气球。

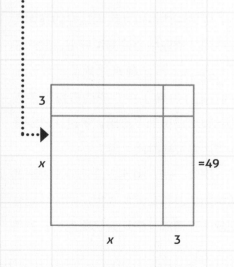

印度的数学

在生活中，每天都要用到数字。至于它们从何而来，恐怕大多数人从未考虑过。而对于词汇的起源和我们各自语言的发展，大家了解得却多得多。考虑到数字在每日生活中不可或缺的作用，那么为什么我们不问问：“这些数字到底来自何方？”

印度的《祭坛建筑法规》

《祭坛建筑法规》（也称为《绳法经》）其实是一些宗教经文的附录。它们并非理论著作，其中的内容是与建设宗教建筑相关的应用数学。

《Baudhayana 祭坛建筑法规》（公元前 800—前 740）中已出现了关于毕达哥拉斯定理的记载。至少对于等腰直角三角形的情况，其中已有了完整的讨论。依据我们对毕达哥拉斯生平的了解，在他出生前 200 年，这本书就已经存在了。可见毕达哥拉斯定理这样的称谓无疑体现了欧洲中心论的世界观。此外在《Katyayana 祭坛建筑法规》（公元前 200—前 140 年）中，毕达哥拉斯定理的完整形式得到了应用。不过这已经是在毕达哥拉斯时代之后了。

稍早一些，生活在公元前 6 世纪的阿帕斯檀跋和公元前 3 世纪的加㳙延分别创作了两部《祭坛建筑法规》，其中

给出了 $\sqrt{2}$ 的近似值 577/408。直到小数点后第 5 位，该值都是正确的。

因为与建筑有关，这些法规自然地会涉及圆。有趣的是，针对不同的计算，书中所用的 π 的近似值也不尽相同。这也许是因为法规主要以应用为目的，所以数值的精确与否并非至关重要。而 π 在书中的取值位于 3 和 3.2 之间。

印度数字

法国数学家拉普拉斯（1749—1827）曾这样评价印度在数学方面的伟大贡献：

“是印度人教会了我们如何使用 10 个符号来书写数字。该方法的天才之处在于每个符号既是一个数字，其代表的数值也会因位置的不同而变化。这个十分深刻且重要的想法看上去却如此简单，以至于我们常常会忽略它的真实价值。计算因此变得简单且易于操作，

而算术能成为第一流的实用发明也全有赖于此。此外，为能够更好地欣赏这一伟大的成就，我们不应忘记就连两位古时最伟大的天才阿基米德和阿波罗尼奥也不曾发展出这样的方法。"（引自《数学圈》，作者为 H. 埃维斯，出版于 1988 年。）

拉普拉斯是对的。如果在运算中使用罗马数字，那么一切发展都必定会受到拖延。我们可以回想一下，以基于十进制的埃及数字做乘法已是困难重重，而用罗马数字来实现同样的计算，我们将要面临的困难只会有过之而无不及。

婆罗米数字（参见第 67 页）在公元前 250 年左右开始被使用。这是一种类似于十进制的计数系统。在该系统中，不仅 1 到 9 的数字被记为不同的符号，就连 10 和 100 的倍数都被指定了相应的符号。也就是说，像 20，30，400 和 500 这样的数字也有单独的记号来表示。公元 7 世纪，大约在婆罗摩笈多（参见第 64 ～ 67 页）所生活的年代，一种十进制位置计数法被发展了出来。一个值得一提的有趣事实是，古埃及人使用十进制，却不考虑位置，而古巴比伦人虽然利用位置计数，但他们的系统不是基于十进制而是六十进制。

《阿里亚哈塔历书》

欧几里得在《几何原本》（参见第 44 ～ 45 页）中整理了当时已知的几何结果。类似地，由阿里亚哈塔创作的《阿里亚哈塔历书》也是一部集印度数学之大成的作品。《阿里亚哈塔历书》中囊括了与算术、代数、三角学和二次方程相关的内容，此外还给出了圆周率 π 的一个非常精确的估值 3.1416。不过不同于欧几里得，阿里亚哈塔并没有为书中的结果提供严格的证明。此后，伐罗诃密希罗在 6 世纪对天文方面的工作进行了总结，并研究了帕斯卡三角（参见第 116 ～ 121 页）和幻方（见下图）。

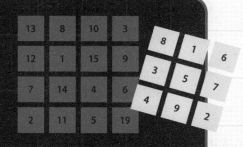

幻方

幻方是由若干个自然数排列而成的正方形，其中每行、每列和每条对角线上的数字之和都相等。此处给出两个例子，34 和 15 分别是它们的行、列之和。

婆罗摩笈多

　　有些时候极细微的事物容易被人忽略，但它们反而是十分重要的。对于大多数人来说，代表了空无一物的零正是这样的。婆罗摩笈多让我们重新认识了零。他之前的数字系统单从计算便捷性的角度来说就十分落后，这严重限制了数学的发展。虽然古埃及人拥有十进制，古巴比伦人通晓位置计数法，但今天人们所使用的十进制位置系统是由印度人发明的。此外，婆罗摩笈多也是第一个将零作为数字而不是占位符来研究的人。

明星的潜质

　　公元 598 年，婆罗摩笈多降生于印度东北部毗邻今日巴基斯坦边境的宾马尔市。宾马尔以西坐落着印度当时的天文和数学重镇乌贾因。婆罗摩笈多曾担任过乌贾因天文台的负责人。在乌贾因工作期间，他编写了多部著作，其中最为著名的当属《婆罗摩修正体系》（意为神创立的天文学体系）。此外，他还撰写过 *Cadamekela*、*Khandakhadyak* 和 *Durkeamynarda* 三部作品，不过今天关于它们的传世资料很少。婆罗摩笈多于公元 670 年离世。

佩尔方程

　　形 如 $x^2-ny^2=1$ 的 方程虽被命名为佩尔方程，但和此类方程有关的数学发展却与英国数学家约翰·佩尔(1611—1685) 关系不大。事实上丢番图就曾讨论过类似的方程，不过第一个真正研究佩尔方程的人是婆罗摩笈多。

　　佩尔方程的奇妙之处在于它的整数解会逼近 n 的平方根。比如 $x^2-2y^2=1$ 的解为：（3，2），（17，2），（577，408），等等，而解中两个数字之商将不断趋近 $\sqrt{2}$ 。

$$\frac{3}{2}=1.5$$

$$\frac{17}{12}=1.416$$

$$\frac{577}{408}=1.414215686$$

$$\sqrt{2}=1.414213563$$

《婆罗摩修正体系》

婆罗摩笈多在 628 年创作了《婆罗摩修正体系》（其英文名称由于读来拗口，现也被当作绕口令）。该书对西方数学产生了深远的影响。

《婆罗摩修正体系》由 25 章构成，其中前 10 章被认为是婆罗摩笈多早期的工作，而余下的 15 章则是对前作的发展和补充。《婆罗摩修正体系》中涉及了多个不同的主题，如第十二章是关于丢番图分析（参见第 54 ～ 55 页）的。在该部分中，婆罗摩笈多研究了毕达哥拉斯三元数（参见第 37 页）和一系列现今被称为"佩尔方程"（参见第 64 页）

制定法则

在婆罗摩笈多所制定的法则中，零被作为一个数字来对待，而不仅仅是一个占位符。此外负数也赢回了自己的身份，从此不再是数字中的弃儿。这正是该规则的重要之处。

（1）任何自然数与零之和等于其自身。

（2）任何自然数与零之差等于其自身。

（3）任何自然数乘以零等于零。

（4）负数减去零为负数。

（5）正数减去零为正数。

（6）零减去零为零。

（7）零减去负数为正数。

（8）零减去正数为负数。

（9）正数或负数与零的乘积都为零。

（10）零乘以零等于零。

（11）两个正数的积（两数相乘的结果）或商（两数相除的结果）是一个正数。

（12）两个负数的积或商为一个正数。

（13）一个负数和一个正数的积或商为一个负数。

（14）一个正数和一个负数的积或商为一个负数。

的不定方程。此外，婆罗摩笈多也发展了和圆内接四边形（4 个顶点均在同一个圆上的四边形，参见下图）面积相关的方程式。不过《婆罗摩修正体系》中最重要的内容还是对零和负数的讨论，其中就囊括了需要在小学期间掌握的整数运算法则。

在《婆罗摩修正体系》中，零和负数开始被作为方程的潜在解加以考虑。在此之前，因为长度或面积在现实生活中是不可能为零或负数的，所以通过几何途径解方程时，零解或负解要么被忽略，要么被认为是荒谬的。不过，正如我们今天所见，这些数字还是有很多实际用途的。比如，我虽不能手握一张负数面额的纸币，但可以确定的是这些"鬼"常会溜进我的银行户头里。

婆罗摩笈多在研究中也遇到了一些有待后人解决的困难，如零作为除数的相关问题。只要你愿意问，任何一个使用过微积分的人（无论他的工作领域是科学、工程、商业还是医学）都会乐于告诉你分母上的零曾给他带来过多少麻烦。

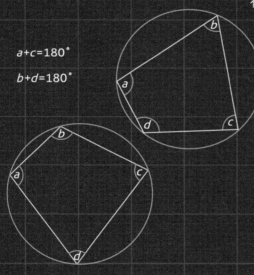

$a+c=180°$
$b+d=180°$

圆内接四边形是每个顶点（角）都在同一个圆上的四边形。此类四边形拥有良好的性质，如对角之和等于180°。

此前，通过几何途径解方程时，零解或负解要么被忽略，要么被认为是荒谬的。这是因为在现实生活中长度或面积为零或负数的东西根本不存在。

印度-阿拉伯数字

数字历经了数千年的演化才发展为现在的形态。我们使用的数字起源于公元1世纪的印度。约1000年后，阿拉伯人对它进行了改进。直到约600年前，今天为我们所熟悉的数字才最终出现。

1世纪	5世纪	10世纪	11世纪	12世纪	14世纪

中东的数学

记得上学时，在学习了一整年关于埃及、希腊和罗马的知识后，在新学年的开始，老师蜻蜓点水般地向我们介绍了欧洲的"黑暗时代"（欧洲中世纪）。然后，在所有人都没搞清发生了什么的时候，我们的课程已进入到了文艺复兴时期。就好像在东罗马帝国覆灭后，我们便穿越了千年并沐浴在文艺复兴的曙光之中，仿佛这期间的历史竟似是一片空白。事实上，文明的发展并未停滞，只不过文化的中心在这个阶段向东迁移到了巴格达。

智慧馆

公元 529 年，柏拉图学院正式关闭，希腊从此远离了数学发展的舞台。从那时起直到公元 13 世纪，世界的数学中心转移到了东方。

哈伦·拉希德（763—809）是阿拉伯阿拔斯王朝的第五任哈里发。他和他的儿子艾敏（786—833）一同在巴格达创立了智慧馆。最初，智慧馆主要致力于翻译和保存波斯的著作，后来其抢救的范围也包括了古希腊和印度的典籍。自创立之始，智慧馆逐渐成为了人文科学和自然科学的中心。1258 年，智慧馆毁于蒙古入侵。

阿拉伯数字的前身是印度数字，现存写有这种数字的图书最早源于公元10世纪。

虽没有过多地涉及，但波斯人在数学方面的贡献是巨大的。花剌子模是其中的杰出代表，他生活在智慧馆刚刚建立的年代。此外生于 801 年并在 873 年去世的肯迪曾研究过印度的数字系统。同时期的巴努·穆萨三兄弟在几何、天文和力学方面也颇有建树。

阿布·卡米勒生于公元 850 年，死于 930 年。他推进了花剌子模在代数方面的工作。此后，在 908 年出生的易卜拉欣·伊本·思南在阿基米德穷竭法的基础上向前跨进了一大步，发展了积分理论，而他死时年仅 38 岁。最后，我们还要提到卡拉吉（953—1029）。正是他的出色工作使代数摆脱了几何的束缚，具有了和今天相似的形态。除此以外，还有大批的数学家曾在智慧馆工作过。他们分别致力于翻译著作，注释经典，或在几何、三角学或数论等领域内开展不同的研究。

阿拉伯数字

在这期间，最重要的进展还要算十进制位置计数系统的普及。这套系统包含 10 个符号来对应不同的数值，而符号在不同位置所取的值也会不同。听来是否有些耳熟？对了，我们今天所用的正是十进制位置计数法。也就是说在 535 中，数字所代表的数值与位置有关，比如第一个 5 代表了 500，最后一个 5 则只表示 5 个 1。

正如我们已了解的，古埃及人只使用十进制，但不考虑位置。对于 10 的不同方幂，他们都指定了相应的符号。使用埃及数字计算乘法是一件十分困难的事，而罗马数字则使同样的运算变得更为复杂。十进制位置计数法的使用大大简化了计算，并使小数的出现变得顺理成章。这并不是件小事。算术运算的简化解放了数学家，他们因此得以思考一些更为重要的问题。类似的情况也发生在今天，正是在计算机惊人处理能力的帮助下，今天的科学工作者才能将时间花在那些意义更为深远的奇思妙想上。

阿拉伯数字的前身是印度数字。公元 662 年，生活在幼发拉底河附近的某位基督教主教曾记录过印度数字的使用。不过现存写有这种数字的图书最早源于公元 10 世纪。普遍观点认为 12 世纪的拉丁文图书《花剌子模的印度算术》（译自花剌子模的著作）是第一本关于印度数字的阿拉伯著作。基于以上，印度数字应该在 790 年至 840 年间开始被采用。值得一提的是，英文中的"algorithm"（算法）一词正是源于这本拉丁文图书的书名。在 1202 年，斐波那契将阿拉伯数字引入了欧洲。

这部专著问世于公元 14 世纪，那时阿拉伯数学家是数学发展的中坚力量。

花剌子模

　　类似于古希腊的"几何之父"、人类历史上最伟大的典籍《几何原本》的作者欧几里得，花剌子模的生平也鲜为人知。不过英语词汇中的"algebra"（代数）和"algorithm"（算法）都和他有关。这两个词应算是家喻户晓，至少我的家人都是知道的。可即便如此，花剌子模的名字对大多数人来说还是十分陌生，这的确令人惊讶。

"Al-Jabr"

博学者

　　全名为穆罕默德·伊本·穆萨·阿尔·花剌子模的花刺子模在公元 780 年前后出生。关于他的出生地至今仍然存有争议。有人认为他来自花剌子模，即今天乌兹别克斯坦境内咸海以南、里海以东的地方；也有观点称他应生于巴格达。

　　可以确定的是，花剌子模曾在智慧馆（参见第 68 ～ 69 页）中工作。在此期间，他和巴努·穆萨三兄弟一同翻译了古希腊、印度和其他地方的一些典籍。在翻译之余，他还尝试发展前人的理论，并留下了与代数、几何、天文和地理有关的著作。

　　花剌子模有几部重要的作品，写于 833 年的《诸地形胜》是其中的一部。该书是托勒密所著的《地理学》的修订本，其中囊括了 2400 多个城市的方位和相关的地域特征。在《诸地形胜》中，他纠正了托勒密对地中海长度的过度估计。同时，由于较之古希腊时代，阿拔斯王朝时期的人们更为了解东方，因此花剌子模也相应地在书中补充了更为详尽的内容。此外，关于星盘（一种被天文学家、占星家和航海家使用的工具）、日晷和犹太历，花剌子模也创作过一些不是那么重要的作品。

"algorithm"一词的由来

　　花剌子模的另一部重要著作是《花剌子模论印度数字》。该书的阿拉伯原本现已失传，只有它的拉丁文译本得以存世。英文中"algorithm"（算法）一词的意思是几个步骤，也可以被理解为需要遵循的规则。而这个词正是由《花刺子模论印度数字》的拉丁译本书名中的"algoritmi"演变而来的。在该书中，花刺子模介绍了印度的位置计数法，给出了多种计算方法及一种开平方的算法。另外，现在普遍认为零被用作占位符也是本书的首创。

"algebra"一词的起源

《移项与合并计算概要》是花刺子模最重要的著作，书名中的"Al-Jabr"即是英文中代数一词"algebra"的前身。虽然丢番图（参见第 54～55 页）被一些学者誉为"代数之父"，但基于上述著作，有人认为花刺子模也完全有资格享有这一称号。

为给出二次方程的一般解法，花刺子模首先要将方程转化为 6 种标准形式中的一种。通过这个步骤，花刺子模巧妙地规避了负数所带来的问题。为了更好地介绍他的方法，我们需要了解一下花刺子模所使用的术语。给定一元二次方程 $ax^2 + bx + c = 0$，其中 a，b，c 为固定的常数。那么 ax^2 叫作平方项，bx 是一次项，c 则是常数项。花刺子模所指定的二次方程的 6 种形式分别为：

（1）二次项等于一次项，即 $ax^2 = bx$。也就是像 $x^2 = 4x$ 和 $3x^2 = 7x$ 这样的方程，它们的解分别为 4 和 7/3。其实要算出这两个解是很容易的。以第二个例子来说，首先在在等式两边同时除以 3，就得到 $x^2 = \frac{7x}{3}$。此时注意到左侧为 x^2，而右侧为 $\frac{7x}{3}$，这表明：

$$x \cdot x = \frac{7}{3} \cdot x$$

所以左侧的第一个 x 必须等于 7/3。不过需要指出的是，x 的平凡解 0 被遗漏了。

（2）平方项等于常数项，即 $ax^2 = c$。虽然我未能找到花刺子模的原始解法，但通过在等式两边除以 a，并搭配某种计算平方根的方法（如阿基米德所用的方法），求出这类方程的解是不难的。

（3）一次项等于常数项，即 $bx = c$。

（4）平方项和一次项之和等于常数项，即 $ax^2 + bx = c$。

（5）平方项和常数项之和等于一次项，即 $ax^2 + c = bx$。

（6）一次项和常数项之和等于二次项，即 $bx + c = ax^2$。

莪默·伽亚谟

　　我的欧洲中心论观念是被莪默·伽亚谟所动摇的，他也是我了解的第一位非欧洲数学家。通过这本书，相信你也会发现以欧洲中心主义来看待数学的发展是多么浅陋。

数学奇才

　　1048 年 5 月 18 日，莪默·伽亚谟出生于波斯（今伊朗）境内的内沙布尔。在 25 岁之前，伽亚谟就已做出了十分重要的数学工作。1070 年，他移居到位于今日乌兹别克斯坦境内的撒马尔罕。在那里他得到了拥有终生职位的法官阿布·塔希尔的资助，并得以完成他最为重要的著作《代数问题的研究》。1073 年，伽亚谟接受了塞尔柱王朝苏丹马立克·沙的邀请，前往其都城伊斯法罕，并在那里建立了天文台。在此后的 18 年里，伽亚谟一直生活在伊斯法罕。

　　1092 年，马立克·沙的辞世引发了帝国政局的动荡。直到 1118 年马立克·沙的三子桑佳尔重新掌控了塞尔柱帝国后，社会才趋于稳定。同年，桑佳尔将首都迁至梅尔夫。伽亚谟也随后迁往该地。梅尔夫也逐渐成为了当时的学术中心，在那里伽亚谟继续潜心研究数学，直至于 1122 年 12 月 4 日撒手人寰。

代数问题

　　《代数问题的研究》是莪默·伽

▶主要著作

　　《鲁拜集》：大多数人应该是通过爱德华·菲茨杰拉德所翻译的《鲁拜集》认识伽亚谟的。《鲁拜集》中收录有 600 首四行诗。

　　《算术问题》：关于代数和音乐的书。在马立克·沙的要求下，伽亚谟在伊斯法罕建立了天文台。通过计算，他认为一年应该有 365.24219858156 天，这个结果的精确程度确实令人赞叹。此外，他还制作了新的历法雅拉里历。

　　《关于欧几里得第五公设的注记》：在本书中，伽亚谟探讨了欧几里得的平行公

> "许多冒哲学家之名的人常常混淆是非，其所作所为无非是欺骗和故作高深，并且只有在追逐鄙贱的物质时才会使用自己所掌握的知识。"
>
> ——《代数问题的研究》

亚谟最重要的数学著作。在这本著于 1070 年的著作中，伽亚谟概要地描述了三次方程的完整分类，并简述了如何通过圆锥曲线（参见下页）来求解这类方程。

利用几何方法确定两条圆锥曲线的交点，伽亚谟可以求解三次方程。不过，以这种方法，他一般只能得到三个解中的一个到两个。

虽然他的解法十分几何化，但伽亚谟希望一套纯算术的方法可以在将来被发展出来。直到几个世纪以后，他当初的梦想才被意大利数学家实现。

莪默·伽亚谟在解三次方程时用到了诸如圆周或抛物线这样的几何图形。这虽然看起来违反直觉，但他表示几何在代数问题中确有用武之地，并认为欧几里得的《几何原本》就是这一观点的最好佐证。

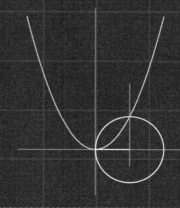

设，并窥得了非欧几何的端倪。不过，有些人认为他并未意识到自己发现的重要性。

《代数问题》（失传）：在另一部作品中，伽亚谟提到过自己在这本书里的某项工作。该工作所涉及的对象日后被称为帕斯卡三角。

圆锥曲线

　　作为一个数学分支，圆锥曲线论的研究对象是可在圆锥上绘出的曲线。更准确地说，切割两个顶点相交的圆锥得到的曲线叫作圆锥曲线。通过这种方法可以得到四类曲线，分别是：圆、椭圆、抛物线和双曲线。这里的每一种曲线都可被用来解决不同的代数问题。对此类曲线的研究有几千年的历史，它在数学发展的历程中也扮演了十分重要的角色。

4种圆锥曲线

　　在下一页中，我们将发现无论是在自然界还是在人类社会中，圆锥曲线可谓是随处可见。

圆 ⟶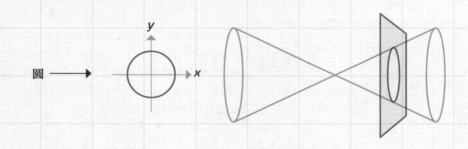

椭圆 ⟶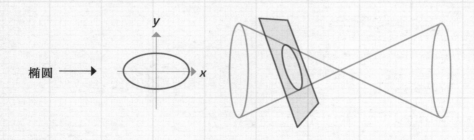

无处不在的圆锥曲线

在日常生活中，圆锥曲线在各类场合中的出现频率是如此之高，以至于我们常常会对它们视而不见。就拿圆来说，你能够想象没有圆形轮胎的汽车会是哪般吗？此外，地球围绕太阳的旋转轨道就是一个椭圆，而卫星天线的盘面弧度就是抛物线（将抛物线旋转一周就是卫星盘状天线的形状）。最后，灯罩在墙上投影的形状常为双曲线。

相交直线

有一类特殊的圆锥曲线被称为退化的，这种圆锥曲线就是两条交于某点的直线。

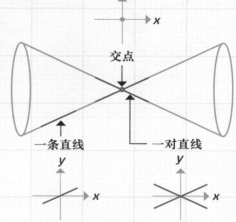

抛物线 →

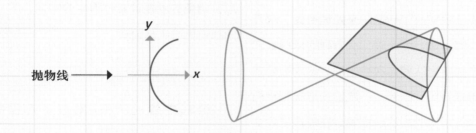

双曲线 →

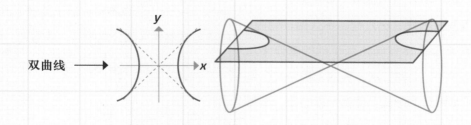

二次方程求根公式

此前你已了解到如何通过"配方"来解二次方程，现在我们来介绍二次方程的求根公式。考虑这样一个情况：两家人共同修建了一个游泳池，该泳池跨越了双方后院的边界，其池底的形状为抛物形。若令 d 表示池底的深度，x 代表到边界的距离，则这条抛物线的方程为 $6x^2 + 5x - 21 = d$。那么在每家的院子里，该泳池所延伸的距离有多远？

相关领域

从古埃及开始，人们就一直需要处理和面积相关的问题，二次方程便也自然而然地出现并为人所知了。

不过，二次方程的现代形式是由东方数学家给出的。如我们所知，花刺子模已经掌握了一些用来处理各类二次方程的方法，而一般二次方程的求根公式是由斯里达罗首次给出的。该求根公式曾被介绍到欧洲，不过它的形式和我们今天所用的却不尽相同。在等待了几个世纪后，以卡尔达诺为首的欧洲数学家开始利用复数和虚数（参见第 94 ～ 97 页）来求解二次方程。不久后，勒内·笛卡儿在 1637 年出版了他的著作《几何学》，此时二次方程的求根公式已具有了今天的形式。值得一提的是，本书中虽然介绍了求解二次方程的两种方法，但若有兴趣，你也可以自己探索一下其他的途径。

任何二次方程都可以通过上面提到的求根公式来求解。该公式理解起来并不难，使用上也十分简单，唯一需要注意并避免的就是计算过程中的错误。下面我们就给出该公式：

$$x = \frac{-b \pm \sqrt{b^2 - 4ac}}{2a}$$

公式中的 a，b 和 c 对应了方程 $ax^2 + bx + c = 0$ 中的系数。

对于先前提到的问题，$a = 6$，$b = 5$，$c = -21$（注意不要忘记了负号）。将这些数值代入到公式中后，就得到：

$$x = \frac{-5 \pm \sqrt{5^2 - 4 \times 6 \times (-21)}}{2 \times 6}$$

$$= \frac{-5 \pm \sqrt{25 + 504}}{12}$$

这里画出了对应游泳池底部的抛物线。注意，图中 d 轴的方向是向下的。因为与其考虑取负值的高度，我们宁愿处理取值为正数的深度，同时图形也更容易理解。

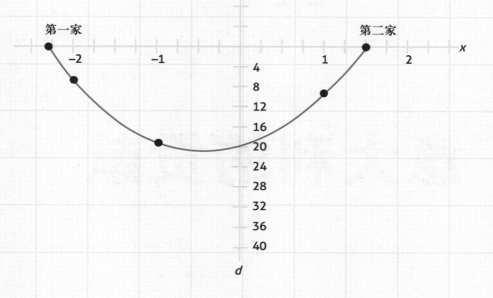

$(6x^2+5x-21=d)$

$$= \frac{-5 \pm \sqrt{529}}{12} = \frac{-5 \pm 23}{12}$$

现在只需将两个数字算出：

$$x_1 = \frac{-5+23}{12} = \frac{3}{2}$$

$$x_2 = \frac{-5-23}{12} = -\frac{7}{3}$$

于是方程的解为 $x_1=3/2$ 和 $x_2=-7/3$。这表明游泳池在其中一家院子中（我假定这家人的房子位于左侧，即对应了数轴的负数部分）的部分长为 7/3 米（2.33 米），而在另外一侧则深入了 3/2 米（1.5 米）。

第 4 章

意大利的贡献

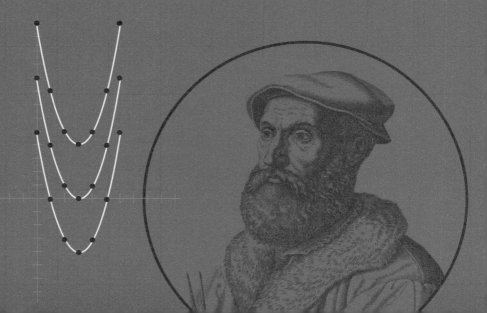

意大利数学家在数学中心西移的过程中起到了关键性的作用。他们不仅将数学重新介绍到了欧洲，同时还在文艺复兴时期发展了前人的工作。在本章中，我们将见到诸如斐波那契数列这样极富新意且十分美妙的数学对象，也会再次拜会黄金比率，同时还要认识虚数和复数这两位奇特的朋友。

斐波那契（1）

通常阿基米德、高斯和牛顿被誉为数学家中的三杰。可是至少在我看来，还有两位更加有趣且不那么高高在上的数学人物。他们中的一位是要在下一章中讲到的帕斯卡，另一位就是斐波那契，而以他的名字命名的著名数列在生活中真的随处可见。

和非洲的渊源

斐波那契于 1170 年生于意大利的比萨。虽然出生在意大利，但他却是在北非长大并接受教育的。当时有许多商人依靠地处今阿尔及利亚境内的一处港口从事商业活动。作为比萨共和国的外交官，斐波那契的父亲古列尔莫是他们的代理人。

得益于早期受到的教育，斐波那契接触到了远优于当时欧洲所使用的数字系统。在他的有生之年，斐波那契目睹了阿拔斯王朝的覆灭。安 - 纳赛尔是阿拔斯王朝的第 34 任哈里发，他被认为是该王朝的最后一个有力的统治者，在位时间是 1180 年至 1225 年。同一时期，基督教世界征服了西班牙和葡萄牙的大部分领土。

在 1200 年之前，斐波那契游历甚广。此后，他返回了比萨，并

在那里创作了包括《算盘书》（1202）、《几何实践》（1220）、《花》（1225）和《平方数书》（1225）在内的数部著作。1250 年，斐波那契在比萨去世。

《几何实践》和《花》

基于欧几里得的《几何原本》和《图形的分割》，共有 8 章的《几何实践》处理了一些几何问题，例如如何使用相似三角形来计算巨大物体的高度。在《花》中，斐波那契求解了一个曾被莪默·伽亚谟（参见第 72 ～ 73 页）解出的三次方程。虽然这个方程的解是无理数，但斐波那契成功地提供了精确到小数点后 9 位的近似解。

《平方数书》

虽然不如《算盘书》出名，不过《平方数书》却被认为是斐波那契最为出色的作品。这本书的主题是数论，没有太多的实际用途，但其中所涉及的数学却

头 4 个平方数。经观察可知，正如斐波那契所声明的那样，平方数都能表示成奇数之和。

 1

 4
(1 + 3)

 9
(4 + 5)

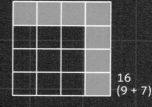 16
(9 + 7)

精采绝伦。在《平方数书》中，斐波那契考察了平方数和其他一些主题。他发现平方数都写为一些奇数的和，比如：

1=1（1 是平方数）

1+3=4（4 是平方数）

1+3+5=9（9 是平方数）

其他的情况不一一枚举。

虽然右上方的图示也表明该说法对头几个平方数来说是正确的，但若能针对全体平方数证明上述论断就再好不过了。假设我们有一个边长为 n 的大正方形，在这个图形的右侧和顶部再摆放上一些边长是 1 的小正方形，就得到了边长为 $n+1$ 的正方形。在这个过程中，我们需要添加的小正方形的数量是 $2n+1$，这是一个奇数。

可见两个相邻的平方数 n^2 和 $(n+1)^2$ 之差为 $2n+1$，也就是说：

$$n^2 + 2n + 1 = (n+1)^2$$

这中间最重要的是 n^2 所增加的部分 $2n+1$。对于任何的自然数 n，2 和 n 的乘积 $2n$ 一定是偶数，所以 $2n+1$ 必定

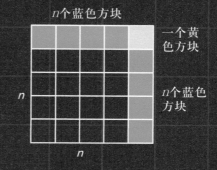

n 个蓝色方块

一个黄色方块

n 个蓝色方块

是奇数。将 n 取为 1，我们就得到了第一个平方数。通过不断地将 n 的取值增加 1，可以说明任何一个平方数都是奇数之和。

对于先前提到过的毕达哥拉斯三元数（参见第 37 页），斐波那契也提供了一种构造方法。首先取某个奇平方数作为直角三角形一条直角边长度的平方，然后把所有比该数小的奇数加起来，这就得到了对应于另一直角边长度平方的数字。现在只需要将这两个数字相加，就得到了一组毕达哥拉斯三元数。

举例来说，在开始选定 25 作为某个短边长度的平方。小于 25 的所有奇数之和等于 144。将 25 和 144 相加就得到了另外一个平方数 169。

大家一起来画图

提起解二次方程，有些人也许会惊出一身冷汗。不过一旦将这些方程所对应的曲线画出来，你就会发现它们看上去还是很漂亮的。其实在生活中，随处可以发现抛物线的倩影。譬如，若忽略空气阻力，随手掷出的物体就会划出一条抛物线。另外，如果家里安置了卫星电视天线，那么你就会发现它的盘状天线的形状也是抛物线。

为抛物线画像

最简单的二次等式为 $y=x^2$。将不同的值代入 x，就能绘制出该等式的曲线。比如，当 $x = -2$ 时，y 的取值为 4。利用这种方法就可以得到图 1 中的曲线。从这条抛物线的底部（最低点）开始，依次向左或向右移动一个单位，再向上升高一个单位，就得到了抛物线上的两个点。类似地，从最低点出发，向左或向右移动两个单位后，再拉升 4 个单位，就又得到了曲线上的两点。这个过程可以一直重复下去。图 1 中的曲线上标注了表格中不同数值所对应的点，将这些点连接起来，就可以看出真实曲线的大致形状。

想要把画在纸上的抛物线挪个窝也是容易的。图 2 中画出了典型抛物线方程 $y=x^2$ 和另两个等式 $y=x^2+3$，$y=x^2-3$ 所决定的抛物线。x 取不同值时，各自等式中 y 的数值也同时列在了图中。通过观察，我们会发现 +3 和 -3 所起到的作用无非是增加或减少了 y 的值，换句

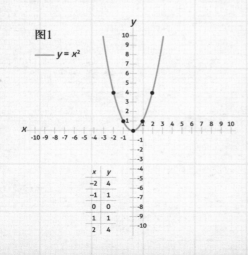

图1

$y = x^2$

x	y
-2	4
-1	1
0	0
1	1
2	4

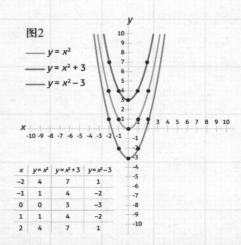

图2

$y = x^2$
$y = x^2 + 3$
$y = x^2 - 3$

x	$y=x^2$	$y=x^2+3$	$y=x^2-3$
-2	4	7	1
-1	1	4	-2
0	0	3	-3
1	1	4	-2
2	4	7	1

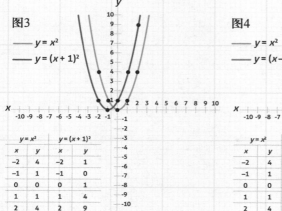

图3

$y = x^2$
$y = (x+1)^2$

$y=x^2$		$y=(x+1)^2$	
x	y	x	y
−2	4	−2	1
−1	1	−1	0
0	0	0	1
1	1	1	4
2	4	2	9

图4

$y = x^2$
$y = (x-1)^2$

$y=x^2$		$y=(x-1)^2$	
x	y	x	y
−2	4	−2	9
−1	1	−1	4
0	0	0	1
1	1	1	0
2	4	2	1

话说就是向上或向下移动了抛物线。所以，要得到 $y=x^2 \pm q$ 所对应的曲线，只需把 $y=x^2$ 的曲线往上或往下平移 q 个单位就可以了。

左右移动一条曲线的情况要略微复杂一些。以典型抛物线方程 $y=x^2$ 为例，若要将它的图形向左或向右平移，需要在平方项里加上或减去相应的数值。图 3 中绘出了 $y=x^2$ 和 $y=(x+1)^2$ 的图形，可以看出后者是前者向左移动一个单位后得到的。若将加变为减，图形就会向右移。图 4 中对应 $y=(x-1)^2$ 的曲线就展示了这一事实。

可见在方程 $y=(x \pm p)^2$ 中，p 所起到的作用就是向左或向右平移方程的图像。

看到这里，细心的读者可能会发现，虽然都是移动曲线，但 p 和 q 作用的方式似乎是相反的。具体来说，q 取正值时，曲线会沿数轴的正向移动（向上），而 p 大于零时，曲线平移的方向却是数轴的负向。当 q 和 p 同为负数时，情况也是类似的。

导致上述现象的原因十分简单，就是我们书写方程时的习惯。这个解释虽令人意外，但却不无道理。比如像 $y = x^2 - q$ 这样的方程，也许更应被写成 $y + q = x^2$，但我们则更习惯将它们记为 "$y = \cdots$" 的样子。

事实上，上面的讨论无非是澄清了一个无关紧要的疑惑。一旦你理解这个关于 p，q 的细微区别，画出 $y = (x \pm p)^2 \pm q$ 所对应的曲线就变得轻而易举了。加上变量 p 只负责图形的纵向（上或下）移动，而 q 仅和横向（左或右）平移有关，所以它们互不影响。

斐波那契（2）

　　《算盘书》是斐波那契最著名的著作，这部写于1202年的著作引发了西方世界在数学方面的复兴。在《算盘书》中，斐波那契向欧洲介绍了印度-阿拉伯数字。由此计算的难度被大大降低了。

现代数字系统

　　印度 - 阿拉伯数字的历史悠远且充满传奇。该系统的美妙之处在于它是一种十进制位置计数法（我们今天所使用的就是这样的系统），简便的计算因为它而成为可能。该系统发源于印度。在公元 7 世纪，婆罗摩笈多首先形成了 0 不仅仅是占位符，而是一个数字这样的数学观念。

　　虽然《算盘书》不是第一本向欧洲介绍印度-阿拉伯数字的书籍，但该数字系统却是通过它才被广泛接受的。

　　后来，这一想法传播到了西方。其中，生活在 9 世纪的花剌子模起到了承上启下的作用。最终这一观念被斐波那契继承下来。虽然《算盘书》不是第一本向欧洲介绍印度 - 阿拉伯数字的书籍，但该数字系统却是通过它才被广泛接受的。这样的结果一方面可能源于斐波那契对这套系统优越性的认知，同时本书实用性的文风也起到了不小的作用。这本书的第一部分介绍了印度 - 阿拉伯数字的计算方法，第二部分则处理了许多商业活动中出现的算术问题。

斐波那契数列

　　在《算盘书》的第三部分里，斐波

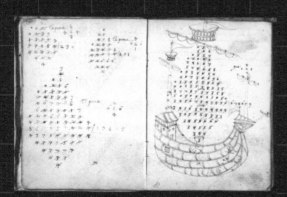

　　《算盘书》虽因介绍了印度-阿拉伯数字和斐波那契数列而闻名于世，但实际上它是一本为商业和经济活动提供指导的图书。

那契提出了一个和兔子有关的问题。该问题所涉及的数学对象今天被称为斐波那契数列。这个问题是这样的：

　　假设你得到了一对刚出生的小兔子，其中公母各一。一般在出生一个月后，兔子就具有了繁殖能力。此后它们交配受孕，再过一个月新生命便会降生。如果所有母兔在生产时都会诞下一公一母两只小兔子，那么在每个月末你会拥有多少对兔子？

　　一开始，你有一对兔子。在下个月初，你依然只有一对兔子，不过它们已

具备了繁育下一代的能力。到了第三个月，算上新生儿和它们的父母，你会拥有两对兔子。需要注意的是，虽然老一些的兔子此时又可以交配了，但新诞生的小兔子还要一个月才能长大。于是，当第四个月开始时，包括一开始得到的兔子、第一代小兔子（此时也具备了繁殖能力，并将在这个月末生一对兔子）和刚刚来到这个世界的小生命，你会看到 3 对兔子。再过一个月，又有两对兔子在五月末诞生了，于是兔子的总数增至 5 对。

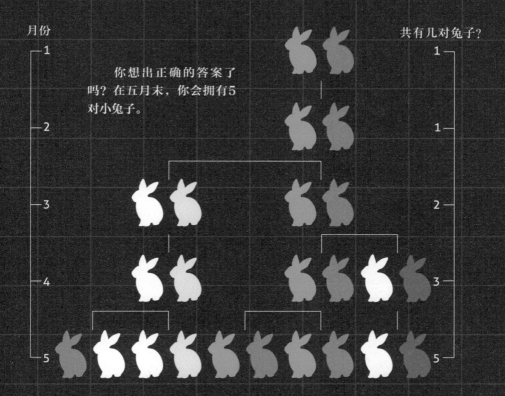

你想出正确的答案了吗？在五月末，你会拥有5对小兔子。

斐波那契数列中的数字可通过公式 $f_{n+2}=f_{n+1}+f_n$ 计算出来。这个公式看起来有些奇怪，但它描述的事实其实很简单。也就是斐波那契数列中的每个数字 (f_{n+2}) 都是它前面两个数字之和 ($f_{n+1}+f_n$)。该数列中最开始的几个数是：1，1，2，3，5，8，13，21，34，55，89。余下的成员则由上述关系决定。

斐波那契数列中的每个数字都是之前两个数字之和。

图中的点代表了向日葵花盘中的小花。

1　1　2　3　5　8　13　21　34　55　89　144　233　377　610　987　1597　2584

自然的数字

斐波那契数列中的数字在自然界中就像鲜花一样常见，最为典型的例子可以在向日葵的花盘中找到。斐波纳契螺旋正好是向日葵花盘中小花所构成的形状（小花构成的顺时针螺线和逆时针螺线的数量一般为相继的两个斐波那契数）。此外，诸如贝壳和珊瑚这样在自然中常见的事物也具有类似的形状。

有些百合有3片花瓣

一朵有21片花瓣的雏菊

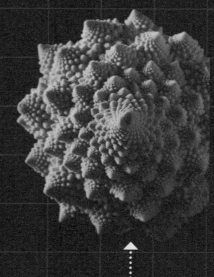

4181 6765 10946 17711 28657 46368 75025 121393 196418 317811

大小不同的向日葵的花瓣数量
是不同的，但一般为34，55
或89。

在自然界中，罗马花椰菜花
球表面的小花排列为漂亮的
斐波纳契螺旋。

花瓣数量与斐波那契数列

　　自然界中随处可以见到斐波那契数的身影，稍加留意就会发现许多鲜花的花瓣数量都是斐波那契数。在这里列出一些花朵及其花瓣的数量。

3 片花瓣：百合、蝴蝶兰。

5 片花瓣：毛茛、野玫瑰、飞燕草、耧斗菜。

8 片花瓣：翠雀花。

13 片花瓣：雏菊、千里光、万寿菊、瓜叶菊。

21 片花瓣：雏菊、翠菊、黑眼苏珊、菊苣。

34 片花瓣：雏菊、车前草、除虫菊。

55，89 片花瓣：米迦勒雏菊、菊科类花草。

玫瑰有5个花瓣。

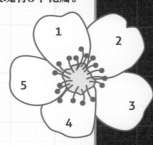

黄金分割

有些数字也是很酷的，比如早先我提到的印在T恤上的π，但它不是唯一的明星。现在我们就要介绍一个最迷人的数字φ。

黄金分割

φ的值是（1+$\sqrt{5}$）/2，通常被叫作黄金比或黄金分割。这个看来有些奇异的数字也隐藏在生活的各个角落。有些人会认，如果刻意地去寻找一些东西，那么你必定不会落空，所以在现实中发现黄金比毫不奇怪，无非是一些巧合罢了。不过我要说，若是没有了机缘，那生活的乐趣也会大大地减少吧。

和π一样，φ也是无理数。要是你有心把它用小数写出来，那可要做好打持久战的准备了。不过若只是想感受一下它的大小的话，黄金比大致等于

下方的长方形ACFD的长宽之比（AC与CF两边的比值）等于黄金比，所以称之为黄金矩形。从长方形ACFD中除去正方形ABED，剩下的长方形（BCFE）也是黄金矩形。类似地，再次移走正方形BCHG，依然会剩下一个黄金长方形（GHFE）。这样的过程可以一直持续下去。将图中正方形的对角点连接起来所得到的曲线就是所谓的黄金螺旋线。

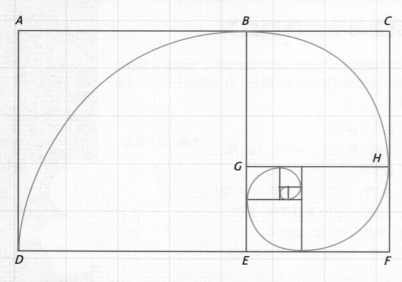

1.618033989。

真正有趣的是，如果将斐波那数列中的数字列出，同时计算其中每项与它前一项的商，我们会发现这些比值将会趋近于黄金比。

f_n	$f_n \div f_{n-1}$
1	N/A
1	1
2	2
3	1.5
5	1.666667
8	1.6
13	1.625
...	...

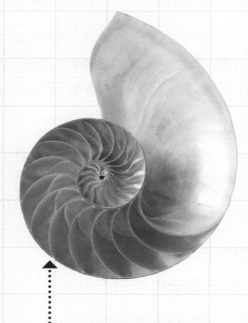

鹦鹉螺的横截面是黄金比例在自然界中的完美体现。

得到黄金分割的途径

利用斐波那契数列仅是得到黄金分割的一种途径。此外黄金比（1+$\sqrt{5}$）/2 也可以用无穷连分数写出来（下面式中的 3 个点表示分式一开始出现的模式要在下面无限次地重复）。

$$1+\cfrac{1}{1+\cfrac{1}{1+\cfrac{1}{1+\cfrac{1}{1+\cfrac{1}{\ddots}}}}}$$

通过忽略该连分数后面无限重复的部分，计算出前面的有限层所代表的数字，我们会发现这些数字将趋近于 φ。

第一步：1。

第二步：1+1=2。

第三步：$1+\dfrac{1}{1+1}=1+\dfrac{1}{2}=1.5$。

接下来的计算会更加繁琐（可能有些人觉得上面的过程已经难以忍受了），不过如果我们意识到当连分数每增加一层时，要得到它的数值只需将先前得到的结果作为分母带入即可，这无疑将大大简化计算。比如，有 4 层的连分数等于：

1 + 1/（第三步得到的数值）

= 1+1/1.5 ≈ 1.6

不断地重复上面的步骤，我们将发现所得到的数字也会趋向黄金比。同样，φ 也可以用下面的无穷套根表达出来：

$$\varphi=\sqrt{1+\sqrt{1+\sqrt{1+\sqrt{1+\cdots}}}}$$

关于 φ 的另一个有趣的事实是，它的倒数（1 除以 φ，或写为 1/φ）正好比 φ 小 1，也就是 $\dfrac{1}{\varphi}=\varphi-1$。

日常生活中的黄金分割

黄金分割在自然界中随处可见。虽然在现实中很难遇到，但若一个人拥有比例完美的身材，那么他的身高和从脐部开始的下半身长度之比、不同指骨长度间的比率，以及肘部到手腕的距离和手长之比都应与黄金比吻合。

事实上，φ 与斐波那契数列可谓如影随形。这样的情况不仅在自然界中不胜枚举，在人类所创造的艺术及建筑中也十分常见。比如著名的画作《蒙娜丽莎》和雅典的巴台农神庙都体现了由黄金比所决定的比例关系。

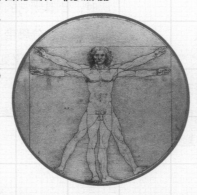

列奥纳多·达·芬奇所创作的《蒙娜丽莎》的构图遵循了黄金分割。

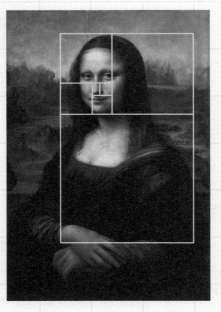

虽然我没有模特般的身材，但我的身高是183厘米，而脚到肚脐的高度为112厘米。它们的比率是1.634，也已经很接近黄金分割了。

在最后这个例子里，你会发现五角星里各个线段间的比例也符合黄金分割，比如AD/AC，AC/AB和AB/BC都等于黄金比。正如下面所展示的那样，在其他一些图形中也能找到类似的关系。

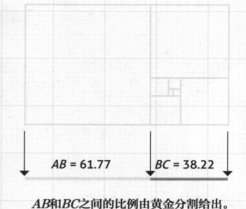

AB = 61.77　　BC = 38.22

AB和BC之间的比例由黄金分割给出。

黄金分割在五角星中俯仰皆是。

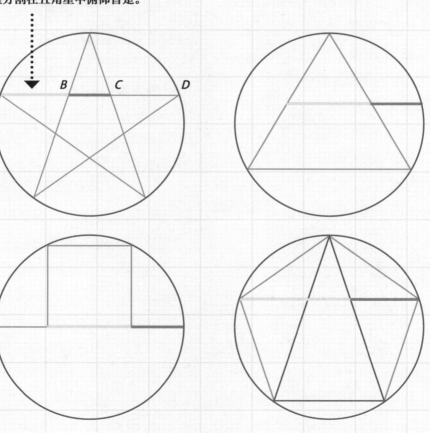

塔塔利亚和卡尔达诺

　　让我们从斐波那契生活的年代跳跃到250年之后，此时求解二次方程已成为往日的旧闻。大多数学家已掌握了它们的解法，数学也踏上了新的发展历程。在1500年的意大利，三次方程才是数学的焦点。今天，三次方程有很多应用，特别是与体积相关的问题更是离不开它。

尼古拉·塔塔利亚

　　在 1500 年左右，尼古拉·塔塔利亚生于意大利的布雷西亚。在当时，布雷西亚是威尼斯共和国的一部分。因为发现了塔塔利亚的数学能力，他的母亲为他寻到了一位赞助人。他也因此得以前往意大利的帕多瓦求学，并最终在维罗纳和威尼斯从事数学方面的教学工作。从此时开始直到于 1557 年撒手人寰，塔塔利亚多次陷入到和其他意大利数学家的论战之中。

吉罗拉莫·卡尔达诺

　　吉罗拉莫·卡尔达诺于 1501 年生于意大利北部的帕维亚。他的父亲法齐奥虽是位律师，但在数学方面也颇具才能，曾在帕维亚大学和米兰的皮亚蒂基金会教授几何学。此外，他也曾是列奥纳多·达·芬奇在几何方面的顾问。

　　卡尔达诺的第一份工作就是作为他父亲的助手。他曾进入帕维亚的医学院学习。虽然粗俗的举止为他树敌不少，但他的成绩却无可挑剔。1525 年，他取得了医学博士学位。不过口无遮拦的谈吐风格却使他未能被米兰医学学会所接纳。直到 14 年后，他才最终进入了该学会。

　　1531 年，他走进了婚姻的殿堂。在取得博士学位到进入米兰医学学会之间的 14 年里，卡尔达诺在一个小村庄中行医，同时也在皮亚蒂基金会教授数学。1539 年，卡尔达诺开始和塔塔利亚通信。从此，他的余生中充斥着与他人的论战。

　　不过，关于数学问题的争论并不是在生活中击垮卡尔达诺的原因。他的大儿子谋杀了自己的妻子，并在被定罪后处决。而他的小儿子则是个不怎么出色的赌鬼。他不仅在赌博中输光了自己的财产，也让卡尔达诺搭进了不少钱财。1570 年，因为曾在 10 多年前出版过一部关于耶稣的星象命理书籍，卡尔达诺被宣布为异端分子并入狱数月。此后，卡尔达诺移居到罗马，并于 1576 年辞世。

塔塔利亚和全世界的战斗

意大利数学家希皮奥内·德尔·费罗在 1465 年生于博洛尼亚，他被认为是第一个成功求解三次方程的人。不过他非但没有发表自己的方法和得到的公式，反而对外界严格保密。直到 1526 年临终前，他才在病榻前将这个解法传给了自己的学生安东尼奥·菲奥尔。

菲奥尔从此到处吹嘘他可以解出三次方程。在经历了数次嘴战后，他和塔塔利亚决定进行一次公开的数学对决。在挑战中，双方会各给对方出 30 道题目，并约定要在一定时间内解出这些方程。比赛之初，塔塔利亚还只知道如何求解 $x^3 + ax^2 = b$ 这样的方程。不过菲奥

尔提供给塔塔利亚的 30 道题目却是类似于 $x^3 + ax = b$ 这样的方程。在思冥苦想后，塔塔利亚最终还是找出了此类方程的解法。由于掌握了求解两种三次方程的方法，塔塔利亚出给菲奥尔的题目更为多样，并最终赢得了比赛。

恰巧在此时，卡尔达诺也对三次方程产生了兴趣。于是他频繁地给塔塔利亚写信，希望能够得知三次方程的解法。最终塔塔利亚被说服了，不过他要求卡尔达诺必须保证永远不与第三者分享该秘密，并只能用秘文记录这一方法。

1543 年，卡尔达诺得知了德尔·费罗才是第一个解出三次方程的人。从此，他感到不再有义务遵守他对塔塔利亚许下的诺言。因此，在 1545 年出版的《大术》中，他将德尔·费罗和塔塔利亚关于三次方程的解法公诸于众。此外，书中也囊括了卡尔达诺本人和费拉里对前人方法的发展。卡尔达诺也凭借该书赢得了顶级数学家的声誉。

1570年，因为曾在10多年前出版过一部关于耶稣的星象命理书籍，卡尔达诺被宣布为异端分子并入狱数月。

虚幻的数学

在任何时代，新数字的诞生都会伴有争议。新问题的提出会孕育全新的数学，而新数学有时也会催生新的数字。虚数和复数正是这种过程的产物。不过在详细介绍它们以前，我们先来回顾一下现代数字系统的发展。

虚数及由它和实数扩张而成的复数的应用十分广泛。在处理电磁场和交流电路时，都需要用到复数。此外量子力学和那些帅酷的分形招贴画背后也有它们的身影，而各类控制系统也离不开复数的帮助。

过往的纷争

在毕达哥拉斯所生活的年代，人们已经了解了自然数、正分数或正有理数。不过当毕达哥拉斯学派发现无理数时，他们却出离愤怒了。竟然会存在不能被表示成分数的数字，这样的想法在当时无疑是过于离经叛道了。不过时至今日，无理数已成为数学的重要组成部分。如果没有它们，你该如何求解 $x^2 = 2$ 这样的方程呢？所以，最终希腊人也只得接纳了无理数。

零在历史上也引发过许多问题。当然我们所指的是数字零，而非作为占位符的零。零的这两种身份是需要加以区分的。在很长一段时间里，零的身份仅仅是占位符，没人会认为它是一个数字。对于用几何观点来看待数学的希腊人来说，零的意义无疑是荒谬的。那时，数字或变量是被用来代表长度或面积的，零显然不被需要。若一个问题的答案是没有东西，不是连考虑的必要都没有了吗？如果长度是零，那么这条线段根本就不存在。同样，面积为零的物品也是没有的。最终是婆罗摩笈多（参见第 64 ～ 65 页）让零在算数运算中赢得了一席之地。

曼德勃罗集是通过复二次方程得到的分形。抛开技术细节，它们看上去很棒，不是吗？

和零比起来，负数在最开始连一个像占位符这样的身份都没有，可算是输在了起跑线上，所以注定了它们寻求认可的旅途也会更为漫长。首先，婆罗摩笈多尝试着将负数带进了数字的大家庭。即便到了 16 世纪，欧洲数学家和负数的关系依然不是十分融洽。不过此时在意大利，数学家们已经在开始思考和虚数相关的问题了。

现的。如果生生地让 $i=\sqrt{-1}$，那么 i^2 就会等于 -1。这样一来，$x^2+1=0$ 的解就是 $x=\pm i$。如果你现在发现这一切很难理解，没有关系，我们将在第 96 ～ 97 页对复数详加介绍。

简单来说，复数就是实数和虚数的组合。比如 3+4i 就是一个复数，其中 3 是实数 3，而 4i 则是一个虚数。

虚数和复数

首先我得说用"虚数"来指代某类数字并不是一个好主意，因为这会暗示此类数字并不真实，而实际上却恰恰相反，它们不仅确实存在，而且对于数学来说是不可或缺的。

一个典型的虚数是 $\sqrt{-1}$。数学家一般用字母 i 来代表这个数，而工程师更喜欢使用 j 作为它的符号。通过引入虚数，一些简单的方程可以得到解决。面对 $x^2-1=0$，我们可以通过在等式两边加 1 将方程转化为 $x^2=1$，继而得到 $x=\pm 1$ 这样的结论。这种方程无疑是容易解出的。不过若将上述方程稍作调整变为 $x^2+1=0$，类似地，可以将它转化为 $x^2=-1$。那么现在问题来了，是否有数字的平方会等于负数呢？答案是没有，除非你找到一些新的数。虚数就是这样被发

历史拾遗

就像无理数、零和负数一样，虚数和复数在历史上也曾引发过争议。第一部包含复数的图书是卡尔达诺的《大术》。在求解三次和四次方程的过程中，卡尔达诺遇到了需要为负数开方的情况。不过他并没有理会复数平方根是"虚无飘渺"或"不可能存在"这样的观点，而是利用它们完成了计算，并最终得到了正确的实数解。

1572 年，拉斐尔·邦别利（参见第 101 页）首次明确将复数用于工作和计算之中。通常认为"虚数"这样的名称是勒内·笛卡儿（参见第 106 ～ 107 页）创造的。在他之后，卡尔·高斯引进了"复数"这一术语。

复数的运算

复数的运算其实一点儿也不复杂。事实上，除去一张用来涂鸦的纸以及一些关于直角坐标（也被称为笛卡儿坐标）和三角函数的知识，你需要做的仅仅是接受虚数存在这一事实。为了使你更有干劲，我要告诉你复数在现实中的应用几乎是无穷无尽的，这其中就包括之前提到的交流电路。

实数轴

你曾利用实数轴来学习计数和基本的加减运算，现在我们依然需要这位老朋友的帮助。首先假定在数轴上有这样一只青蛙，它的位置由某个数字决定。这个数字一开始的值是4，也就是青蛙位于数轴上4的位置。将这个数字乘以 -1，就等同于让青蛙弹跳至数轴上标有 -4 的位置。当青蛙在空中划出一条流畅的曲线并最终着陆后，我们会发现这一跃所转过的角度为180°。再次乘以 -1，青蛙就再次转过了180°，并回到最初的起点。可以看到，青蛙总共转过了360°。

现在我们要添加一条数轴。水平的直线是实数轴，而与它垂直的坐标轴则是代表虚数的虚轴（参见上右图）。因为 $i = \sqrt{-1}$，所以我们可以认为 i 起到的作用是负号的一半。如果假定青蛙还在4的位置，乘以 i 就会把它带到 4i 的位置。从图上看，这一次青蛙跳跃中转过的角度是 90°，仅有乘 -1 时的一半。如果这时再次乘上 i，那么我们会得到 $4i^2$。由于 $i = \sqrt{-1}$，就有 $i^2 = -1$，并且 $4i^2 = -4$。这等同于另一次转过 90° 的跳跃。也就是说，当乘 -1 时，青蛙一跃转过 180°，而乘以 i 时只有 90°。若我们再次让青蛙从 4 处出发，三次乘以 i（或乘以 i^3）后，它将跳转过 270° 并降落在 -4i 所对应的位置。这是因为头两次运算和乘上 -1 等同，而最后剩下的 i 又会让青蛙转过 90°。

乘以-1的结果是青蛙要跳转180°。

180°

-10 -9 -8 -7 -6 -5 -4 -3 -2 -1 0 1 2 3 4 5 6 7 8 9 10

复数

复数由实数和虚数构成，我们可以在复平面（可以理解为绘有实轴和虚轴的纸）上将复数表示出来。比如从原点处（水平和竖直两条线的交点）向右移动 3 个单位，再向上移动 4 个单位所得到的点就代表了复数 3+4i。将这个点和原点用线段连接起来。

利用毕达哥拉斯定理（参见第 36 ~ 37 页），就可求得该线段的长度。而它和正实轴间的夹角则可借助三角函数（参见第 28 ~ 31 页）给出。把 $a=3$，$b=4$ 代入毕达哥拉斯公式 $a^2 + b^2 = c^2$ 之中，就得到 $3^2 + 4^2 = c^2$，也就是 c 应该等于 5。这个长度就是上述复数的绝对值，也叫作复数的模。为了找出上面提到的夹角，我们计算正切函数的逆函数在 4/3 处的值，即 $\arctan = \frac{4}{3} = \theta \approx 53°$，这个角度称为复数的复角。

复数同 i 的乘积

如前文所述，乘以 i 等同于旋转（或跳转）90°。为验证这一说法，我们将计算 3+4i 和 i 的乘积。在式 i (3 + 4i) 中将 i 乘入括号中，就得到 $3i + 4i^2$。因

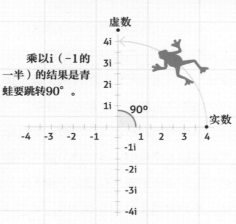

乘以 i（–1 的一半）的结果是青蛙要跳转 90°。

为 $4i^2$ 等于 –4，该乘积的结果就是 –4 + 3i，代表这个复数的点位于绘有坐标轴的纸张的左上部。

再次应用毕达哥拉斯定理，可以算出该点和原点间线段的长度为 5。下面我们将利用三角学原理来找出这条线段同负实轴间夹角的角度。该复角等于正切函数的逆函数在 3/4 处的取值，也就是 $\arctan \frac{3}{4} = \theta \approx 37°$。现在图中有两条线段，它们分别连接了原点和代表着 (3 + 4i)、(–4 + 3i) 的两个点。考察一下这两条线的夹角，我们就会发现它正好就是 90°。由此可见，乘以 i 等同于将点（或线）旋转 90°，且不会改变数字的模长。

复数间的加法

计算两个复数的和十分简单，你只需将数字的实部和虚部分别相加即可。就拿 (3 + 4i) + (2 + 5i) 来说，它们相加的结果就是 5+9i。

复数的加法可以通过两种方法在图上实现。在第一种方法中，我们将直接画出原点与最终结果间的连线。因为第一个数要向右移动 3 个单位，而第二个数则要求再向右移动 2 个单位，所以总共要移动 5 个单位。类似地，这两个复数分别命令我们向上移动 4 个和 5 个单位，于是最终上移的距离为 9。第二种途径则是通过首尾相接（参见图 1）的办法找出结果。也就是说，在图中先找到代表第一个数的点，然后从这个点出发画出代表第二个数的线段。对于这里的例子，你首先要分别向右和向上移动 3 个和 4 个单位，然后从该点出发再向右和向上移动 2 个和 5 个单位。最终的结果也是右移 5 个单位，上移 9 个单位。

复数间的乘法

复数间的乘法和二项式（参见第 122～123 页）的乘法没什么不同，这是因为复数无非就是具有实部和虚部的二项式。举例来说，我们计算 (3 + 4i)(2+5i)：

$$(3+4i)(2+5i)=6+15i+8i+20i^2$$
$$=6+23i-20=-14+23i$$

在上面的计算过程中，我们用到了 $i^2 = -1$，所以 $20i^2$ 等于 -20。

通过在图中表示出两个乘数和它们的乘积，就可以揭示出上述代数运算的几何意义。下面我们将分步画出各个数字所对应的图像。

3+4i 的图像

从原点出发向右 3 步，再向上 4 步就是对应 3+4i 的点。用线段将该点和原点连接起来，利用毕达哥拉斯定理，立刻可以求出这条线段的长度为 5：

$3^2 + 4^2 = c^2$，即 $9 +16=c^2$，所以 $25 = c^2$ 或 $c = 5$。

利用三角学（参见第 28 页）可以得到相应的复角。计算正切函数的逆函数在 4/3 处的值，也就是 $\arctan\dfrac{4}{3} = \theta \approx 53.13°$。

2+5i 的图像

对应于 2+5i 的点位于原点右方两

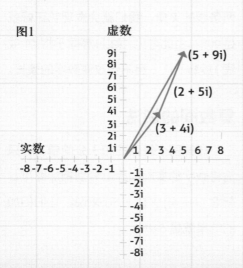

图1

个单位、上方 5 个单位的地方。同样把该点和原点连接起来，利用毕达哥拉斯定理求出这条线段的长度为 $\sqrt{29}$。$2^2 + 5^2 = c^2$，于是 $4 + 25 = c^2$，也就是 $29 = c^2$，所以 $c = \sqrt{29}$，大致来说 $c = 5.3852$。

计算正切函数的逆函数在 5/2 处的值，就得到复角的取值为 $\arctan \dfrac{5}{2} = \theta \approx 68.20°$

−14+23i 的图像

如法炮制，向原点左方移动 14 个单位，再向上移动 23 个单位，找到对应 −14+23i 的点。用线段将它和原点相连，再次使用毕达哥拉斯定理，得到该线段长为 $\sqrt{725}$，这一数值约等于 26.926：

$$(-14)^2 + 23^2 = c^2$$

计算得到 $196 + 529 = c^2$，于是 $725 = c^2$，最后有 $c = \sqrt{725}$ 或 c 大约为 26.926。

同样，计算正切函数的逆函数在 23/14 处的值，得到 $\arctan \dfrac{23}{14} = \theta \approx 58.67°$。不过，此处得到的是这条线段和负实轴之间的夹角度数。

要求出线段和正实轴间的角度，只需要从 180° 中减去上面得到的角度。于是复角为 $180° - 58.67°$，即 121.33°。

总结

乘积结果所具有的模长是 26.926，这个数值正好是两个乘数的模长 5 和 5.3852 的乘积。另外，结果中的复角 121.33° 等于两个乘数的复角之和。通过图像（参见下方图 2）来看，乘积结果和乘数分别被 3 条线段表示出来。前者的长度是后者长度的乘积，而前者与正实轴间的角度则等于后两者与正实轴的夹角之和。

复数	长度	角度
3+4i	5	53.13°
2+5i	5.3852	68.20°
-14+23i	26.926	121.33°

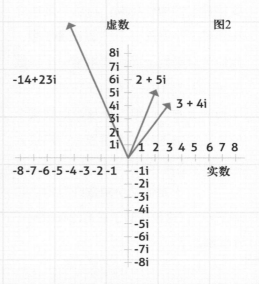

共扼复数

　　共扼是利用两个复数变出一个实数的巧妙方法。一个复数的共轭是具有和它相同的实部，但虚部相反的复数。比如，3+4i和3−4i互为共扼复数。两个共扼复数的乘积是一个实数，所以这个概念还是很有用的。

一对复数

　　考虑下面的算式：

$$(3 + 4i)(3 − 4i)$$

展开后就得到：

$$9 − 12i + 12i −16i^2$$

因为 $i^2=-1$，所以 $-16i^2$ 等于 $-16 \times (-1)$，也就是 $+16$。另外 $-12i$ 和 $12i$ 正好互相抵消，于是上式为：

$$9 + 16 = 25$$

　　在计算两个复数的乘积时，我们只要将它们的模长相乘，再求出复角之和即可（参见第 98 页）。在图 1 中，我们可以看到上面算式中第一个复数的复角为 53.13°，对应于它的点在正实轴的上方。而第二个复数则被某个位于正实轴下方的点所表示，连接该点与原点的直线和正实轴间的夹角也是 53.13°。于是这两个复数的复角之和等于 0°，这也表明了它们的乘积是一个实数。

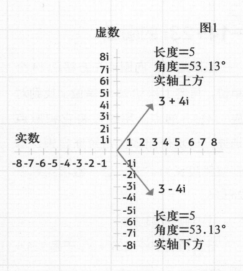

图1

长度＝5
角度＝53.13°
实轴上方

3 + 4i

3 − 4i

长度＝5
角度＝53.13°
实轴下方

　　在解实系数多项式方程的时候，有时会遇到解为复数的情况。不过，此时这些复数解必定是成对出现的。也就是说，若一个复数是方程的解，那么它的共扼复数也要满足这个方程。

共扼的应用

复数的除法略显复杂，不过共扼在这里会大有作为。比如我们来计算

$(-8+3i)/(3+2i)$，首先在分子和分母上同时乘以分母的共扼复数，展开并整理化简，就得到了最终的结果。用式子写出来就是：

$$\frac{-8+3i}{3+2i} = \frac{-8+3i}{3+2i} \cdot \frac{3-2i}{3-2i} = \frac{-24+16i+9i-6i^2}{9-6i+6i-4i^2}$$

$$= \frac{-24+25i+6}{9+4} = \frac{-18+25i}{13} = \frac{-18}{13} + \frac{25i}{13}$$

于是：$\dfrac{-8+3i}{3+2i} = \dfrac{-18}{13} + \dfrac{25i}{13}$ 。

复数除法和乘法的几何解释相差无几。不过对于除法，你需要计算模长的商和复角之差。

拉斐尔·邦别利

拉斐尔·邦别利在 1526 年出生于意大利的博洛尼亚。在他生活的时代，意大利的北部是数学中心。继塔塔利亚和卡尔达诺之后，邦别利和卡尔达诺的助手罗多维科·费拉里成为了新一代数学家的优秀代表。邦别利没有上过大学，他的数学知识源自建筑和工程专家皮尔·弗朗西斯科·克莱门蒂的教导。

在克莱门蒂的引导下，邦别利进入了工程领域，并在土地开垦项目中共同开展工作。1555 年，他手头的项目被暂时叫停了。于是邦别利决定利用这个空档梳理一下代数学的发展，并写一本旨在令代数更易被接受和理解的书。可还没等这本书创作完成，先前停滞的项目又于 1560 年重新启动了，邦别利只得再次投入到原来的工作之中。而直

到近 10 年后，这本书才得以完成并出版，不过这一拖延也并非是件坏事。

不久以后，邦别利受邀前往罗马参与另一项工程。在那里，他接触到了古希腊数学家丢番图（参见第 54 ～ 55 页）的著作，并随即开始着手翻译丢番图的著作《算术》。这项翻译工作虽并未完成，但却对邦别利在代数方面的工作产生了巨大的影响。丢番图著作中的许多题目被邦别利写入到了自己那部关于代数的著作中。在最终出版时，该书包含了 3 个部分。本来邦别利还计划再出版两卷关于几何的内容，但遗憾的是在这一心愿完成前，他便于 1572 年去世了。不过，人们后来陆续发现了有关这部分内容的手稿。

邦别利的工作之所以重要有两个原因：首先他完全接受了负数，并十分自然地使用它们；其次他为复数的加法、减法和乘法制定了运算法则。

二次方程、抛物线和复数

　　二次方程是非常重要的。是引力让我们所有人得以生活在地球这艘巨大的太空船上，而二次方程恰好可以用来描述引力。此外，从造纸厂到化工厂，凡是需要控制系统的地方都离不开二次方程。

　　本书的第 3 章介绍了二次方程和它的一种解法。在本章中，我们已学习了如何画出抛物线，还第一次讲解了复数的运算。现在我们要把这些想法汇总在一处。

　　在解二次方程或更一般的多项式方程时，我们需要找到能让方程式等于零的未知数 x 的值。而为了画出和二次方程相对应的曲线（抛物线），我们需要额外引入一个变量 y。

有两个实数解的二次方程

　　对任何时代的数学家来说，系数为正整数的二次方程都不会带来太多的麻烦。作为热身，我们首先来看看这样的方程：$0 = x^2 - 6x + 5$。我们将利用求根公式并辅以作图来考察它。

　　利用二次方程的求根公式，即有：

$$x = \frac{-b \pm \sqrt{b^2 - 4ac}}{2a}$$

$$= \frac{-(-6) \pm \sqrt{(-6)^2 - 4 \times 1 \times 5}}{2 \times 1}$$

$$= \frac{6 \pm \sqrt{16}}{2} = \frac{6 \pm 4}{2}$$

　　完成计算就得到 $\frac{6+4}{2} = \frac{10}{2} = 5$ 和 $\frac{6-4}{2} = \frac{2}{2} = 1$。

　　这样求根公式就给出了方程 $0 = x^2 - 6x + 5$ 的解。在图上，这两个解由方程 $y = x^2 - 6x + 5$ 所对应的曲线和 x 轴的交点给出。

有相同实数解的二次方程

　　现在我们来分析方程 $0 = x^2 - 6x + 9$。同样利用求根公式：

$$x = \frac{-b \pm \sqrt{b^2 - 4ac}}{2a}$$

$$= \frac{-(-6) \pm \sqrt{(-6)^2 - 4 \times 1 \times 9}}{2 \times 1}$$

$$= \frac{6 \pm \sqrt{36 - 36}}{2} = \frac{6 \pm 0}{2} = 3$$

于是通过求根公式，我们得到了 $0 = x^2 - 6x + 9$ 的解。和前例一样，由 $y = x^2 - 6x + 5$ 所给出的曲线与 x 轴的交点就对应了方程的解。唯一不同的是，因为这里方程的解是两个相等的实数，所以曲线和 x 轴仅仅在一点相切。

有复数解的二次方程

最后来看看方程 $0 = x^2 - 6x + 13$。再次应用求根公式：

$$x = \frac{-b \pm \sqrt{b^2 - 4ac}}{2a}$$

$$= \frac{-(-6) \pm \sqrt{(-6)^2 - 4 \times 1 \times 13}}{2 \times 1}$$

$$= \frac{6 \pm \sqrt{36 - 52}}{2}$$

$$= \frac{6 \pm \sqrt{-16}}{2}$$

最后得到 $\frac{6+4i}{2} = 3+2i$ 和 $\frac{6-4i}{2}$

$= 3-2i$。

可见，由求根公式给出的解是两个复数。在图上也可以看出，由方程决定的曲线和 x 轴是互不相交的。这再次说明了该方程不能有实数解，也就是说解是含有非零虚部的复数。同时注意到，我们算出的解 $3 + 2i$ 和 $3 - 2i$ 是一对共轭复数。

总结

当求根公式中根号下的部分（称为判别式）是正数时，原方程有两个不同的实数解，并且方程对应的抛物线和 x 轴交于两点。若判别式等于零，那么方程的两个实数解相等，而抛物线仅和 x 轴相切于一点。不过当判别式为负数时，方程的解为复数，抛物线和 x 轴完全不相交。

图1

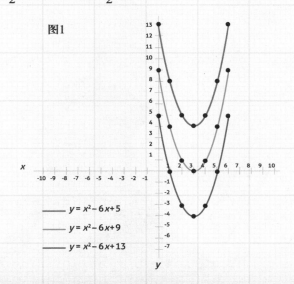

$y = x^2 - 6x + 5$

$y = x^2 - 6x + 9$

$y = x^2 - 6x + 13$

第5章

后文艺复兴时期的欧洲

文艺复兴运动起源于意大利，随后波及欧洲。与之相伴，欧洲的数学界也焕发出了新的活力。这个处于近代社会大门口的时代可谓群星璀璨，大师云集。历史上一些伟大的数学家，如帕斯卡、笛卡儿和高斯都生活在这一时期。在本章中，这些天才将闪亮登场，而同他们一起上台的还有位数学中最美丽的角色"帕斯卡三角形"。

在法国曾有一座名为海牙的城市，不过你再也找不到它了，因为坐落在同一地点的城市现在的名称是笛卡儿。1802年，为了纪念勒内·笛卡儿，海牙被重新命名为海牙-笛卡儿。到了1967年，人们索性完全剔除了"海牙"，自此以后这座城市的名字就变成了"笛卡儿"。自己的名号能被用来为一条街道命名，当然是件了不起的事，不过某人的家乡因他而变更名称则更是举世罕见。

一名法学学生

1596年，笛卡儿降生在海牙市。他尚在襁褓之中时，他的母亲就因肺结核离开了人世。8岁时，他进入了拉夫赖士的耶稣会学院，并在那里接受教育直到16岁。1616年，他获得了由普瓦捷大学授予的法学学位。不久以后，他加入军队开始服役。

在服役期间，有一个小插曲。1619年的某天，笛卡儿在荷兰的布雷达闲逛时被街边的一张荷兰语告示所吸引。他于是用拉丁语向一位路人寻求帮助，问其能否为他解释一下布告的内容。这个人恰巧就是比笛卡儿大8岁的荷兰哲学家、科学家以撒·贝克曼，贝克曼同意并为他翻译了布告。原来这是一道向大众求解的几何难题，贝克曼问笛卡儿是否有兴趣来解这道题目。笛卡儿当然接受了这一挑战，仅仅几个小时以后便提交了答案。以此为契机，笛卡儿和贝克曼建立了长久的友谊。

1621年春天，25岁左右的笛卡儿离开军队，开始周游列国。此间他的足迹遍布波西米亚、匈牙利、荷兰、法国等，最后他于1628年再次回到荷兰。

"在万事万物中，理智的分配是最为公平的：每个人都认为他所得到的已经足够，即便是那些在所有其他方面都贪得无厌的人也会满足于自己分到的部分，而不再去索取更多。"

——勒内·笛卡儿

其他著作 ◄

《第一哲学沉思录》：发展了《谈谈方法》中的工作，涉及的主题包括灵魂和肉体、真理和谬误，以及存在。

《哲学原理》：在这部著作中，笛卡儿试图从数学的角度来理解宇宙。

《论灵魂的激情》：这本献给波希米亚的伊丽莎白公主的书谈论了情感。

笛卡儿在荷兰的日子

在荷兰期间，笛卡儿做出了真正令他蜚声于哲学界和数学界的工作。在回到荷兰后不久，他便开始着手写作一本书名为《世界》的书。在同一时期，伽利略因敢于挑战教会的宇宙观而在意大利遭受软禁。获悉这一消息后，笛卡儿最终放弃了出版该书的念头。

笛卡儿的下一部著作是《谈正确运用自己的理性在各门科学中寻求真理的方法》，该书于 1637 年出版，其更为世人所知的名字是《谈谈方法》。

《谈谈方法》

这本书讨论了我们如何才能真正认识世界，最为著名的哲学名言"我思故我在"即引自本书。《谈谈方法》一书中有 3 个附录：

涉及光学的《折光学》、与天气有关的《气象》以及讨论几何的《几何学》。

《几何学》是《谈谈方法》中最为主要的部分。在该附录中，笛卡儿提供了解析几何的框架。而我们使用的基本代数语言正是源于本书。因此，若现代的学生去阅读笛卡儿之后的代数著作，那么他们在符号方面是不会遇到什么困难的。代数和几何之间的桥梁——直角坐标（在前面，你我已在纸上画过这样的坐标了）也是由笛卡儿在这个附录中引入的。这个现今被视为理所当然的存在，也叫作笛卡儿坐标。所以，因笛卡儿而得名的可不止那座城市！

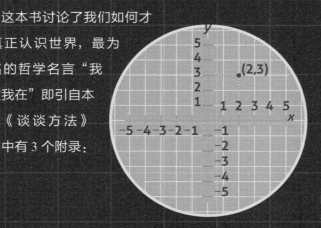

我们画图时所使用的坐标系统是由笛卡儿发明的。

画直线

通过画出方程的曲线，可以让抽象的数字变得更为直观。最为常见的数学关系是线性的，如电话费和通话时长、匀速物体运动的距离和时间都具有线性关系。正因为用途广泛，所以线性函数（或代表线性关系的直线）的重要性是如何强调也不为过的。线性函数的形式可谓多种多样，所以用来描述直线的方程也有许多种。下面将介绍其中常见的3种。

点斜式

在下面第一个例子中，我们将首先给出直线信息，然后找出直线方程并画出图像。点斜式直线方程的形式为：$y - y_1 = m(x - x_1)$，这里的 x_1 和 y_1 代表了直线上的一个点，而 m 则给出了直线的斜率。

为了帮助理解，我们考察这样一个问题：若一条直线经过点（3，4），且斜率为 2/3，那么请写出它的方程并画出图像。

首先点（3，4）决定了公式中 x_1 和 y_1 的值，斜率 m 则等于 2/3，所以直线的方程为 $y - 4 = \dfrac{2}{3}(x - 3)$。

为了画出这条直线，我们首先在方格纸上标出点（3，4）。由于斜率描述了直线的坡度，所以我们知道这条直线在垂直和水平方向上的变化值之比为 2/3。从点（3，4）出发，通过升高两个单位，并同时向右平移 3 个单位，就找到了另一个位于线上的点。最后只要画出经过这两个点的直线即可完成作图。

斜截式

在第二个例子中，我们将从图像出发，找出方程并发掘出直线的相关信息。斜截式方程看起来类似于 $y = mx + b$，其中 m 是斜率，b 则是直线在 y 轴上的截距（即图上直线和 y 轴相交的地方）。

▶ 图1

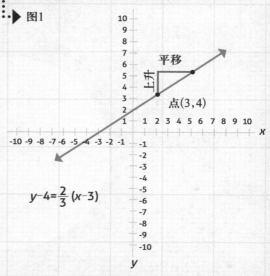

现在就让我们找出图 2 中直线的斜率和截距，并写出它的方程。

从图上可以看出，直线和 y 轴交于 3 的位置，这就决定了截距 b。从直线和 y 轴的交点出发，我们发现直线每下降一个单位，就要同时右移 2 个单位。也就是说斜率应是 $-1/2$，即 $m = -1/2$。基于这些信息，直线的方程即为

$$y = -\frac{1}{2}x + 3。$$

一般式

这里我们将要通过方程了解直线的相关信息并绘制图像。直线的一般方程的形式为 $Ax + By = C$，其中 A，B，C 为实数（A，B，C 的取值没有限制），一般要求 A 为正数。比如给定方程 $2x - 3y = 12$，我们将画出它所决定的直线。

完成该任务将使用到我称为遮盖法的技巧。虽然 x 轴和 y 轴常常被忽视，

但对于任何位于 y 轴上的点，你至少知道一件事，那就是这些点的横坐标 x 的值。一个点若在 y 轴上，那么 x 的取值必须是 0。这无疑是个非常有用的信息。只要将方程中的 x 替换为 0，就可以找到直线同 y 轴的交点。因此，我们索性"遮盖"上和 x 有关的项，并求方程 $-3y = 12$ 的解。经计算可得直线在 y 轴上的截距 $y = -4$。

类似的方法可以用来求直线在 x 轴上的截距："遮盖"上和 y 有关的项，并解方程 $2x = 12$，得到 x 轴上的截距 $x = 6$。

现在只需将这两个点连接起来就可以画出直线了。既然直线在手，我们再来发掘一下它的相关性质。已经知道了直线在 x 轴和 y 轴上的截距，那么很容易就能求出斜率为 4/6，化简后即是 2/3。

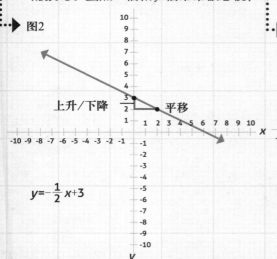

图2

$y = -\frac{1}{2}x + 3$

上升/下降　平移

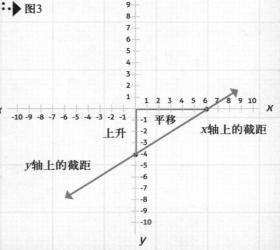

图3

平移

上升

x 轴上的截距

y 轴上的截距

帕斯卡

不像笛卡儿，帕斯卡并没能使某座城市因他而改变名称。不过在巴黎的确有一条街道被冠以了帕斯卡的名字。不仅如此，在许多地方一定还有为纪念他而命名的街道。关于这点，我可是确信无疑的。另外，压强的国际单位"帕斯卡"（Pa）也是因他而得名的，这也足够让他骄傲一番了。

在家上学

1623 年，布莱士·帕斯卡生于法国的克莱蒙特（即今天的克莱蒙费朗）。他的父亲艾基纳·帕斯卡是一位数学家和科学家，他会在家里亲自教育和培养他的子女。由于希望帕斯卡能够熟练地掌握各种语言，他的父亲在一开始曾禁止他学习数学。不过此举反而激起了小帕斯卡的好奇心，于是他开始自学数学，并独立发现了关于三角形角度的定理。得知这一切后，艾基纳改变了当初的想法，并将一本欧几里得的《几何原本》（参见第 44 ～ 45 页）交给了帕斯卡。

在巴黎时，艾基纳是马林·梅森所组织的聚会的常客。梅森是一位修道士，同时也是笛卡儿的朋友。法国当时

许多最出色的数学家都会去参加他的聚会。正是在梅森主办的一次聚会上，小帕斯卡提交了他的第一篇论文《论圆锥曲线》，而此时他还是一位年仅十几岁的少年。这篇论文最终于 1640 年正式发表。

在 20 岁出头的时候，帕斯卡发明了一部机器来帮助他的父亲。当时艾基纳正在从事税务工作，经常需要进行大量的数字计算。帕斯卡制作的滚轮式加法器无疑减轻了他的负担。在同一时期，帕斯卡还进行了一系列关于压力的实验。基于所得到的结果，他主张真空应当是存在的。1647 年，他发表了《关于真空的新实验》。这也成为了他和其他一些学者间争执的导火索。事实上，我们先前提到的笛卡儿就极不同意帕斯卡的观点，以至于他曾写到："帕斯卡的脑子简直被真空充满了。"

在写于 1653 年的论文《论液体的平衡》中，帕斯卡提出了今天被称为"帕

斯卡原理"的压力定律。该原理的内容是，若向不可压缩的流体施加压力，那么在流体中的各点以及盛放流体的容器上都会感受到这个压力。事实上正是有赖于这个原理，我们在踩下刹车踏板时，施加在制动液上的压力才会被传送到 4 个轮子上。

同年，帕斯卡还发表了论文《算数三角形》。虽然他并不是第一个研究该主题的人，但文中涉及的三角形在今天依然被叫作"帕斯卡三角形"（参见第 116 ～ 121 页）。

帕斯卡的宗教信仰

1654 年的一次严重事故令帕斯卡皈依了基督教。在《沉思录》中，帕斯卡汇总了自己针对基督教信仰的思考，并令人惊讶地提出了一个合乎逻辑的论证。他认为取决于上帝的存在与否，你的不同宗教选择也会导致不同的结果，总的来说会有如下表所列出的 4 种可能。简而言之，帕斯卡认为相信上帝是一项稳赚不赔的买卖。也就是说，这样做会让你从一开始就立于不败之地，而在最好的情况下则会赢得一切。

	上帝存在	上帝不存在
你相信上帝	你得到一切	你什么也得不到
你不相信上帝	你什么也得不到 *	你什么也得不到

* 如果上帝存在，并且他是锱铢必较的，那么该选择所导致的结果简直令人不忍想象。

梅森素数

为纪念马林·梅森，一类特殊的素数被命名为梅森素数。梅森素数是可以写成 2^p-1 的素数，这里的 p 必须是一个素数。需要指出的是，并非所有的素数 p 代入上式后都会得到一个素数，也就是说 2^p-1 并不一定是素数。

直到今天，梅森素数依然在被不断地发现。事实上，只要下载一个软件，你的计算机就可以和世界上其他的计算机一起协调工作，共同参与到互联网梅森素数搜索项目中。梅森素数大多非常巨大，也十分神秘。不过大素数在密码学中有广泛的应用。这里列出一些最早被发现的梅森素数。

p	2^p-1	是否为素数
2	3	是
3	7	是
5	31	是
7	127	是
11	2047	否
13	8191	是
17	131071	是
19	524287	是

和阶乘一起愉快地玩耍吧

　　5!是什么？难道我还会因为看到5而兴奋异常吗？其实5!代表的是5的阶乘，也就是5×4×3×2×1。尽管你可能不相信，但数学的宗旨的确是为了让生活变得更为轻松。比如乘法就是一种将相同数字加起来的快捷方式。而把从1到n的整数乘起来的简便方式就是阶乘（记为n!）。我们马上就会看到，很多问题中都会出现阶乘的身影。

阶乘是什么

　　阶乘函数的定义为 n! = n×(n − 1)×(n − 2)×…×3×2×1。换言之，n!就是小于等于 n 的正整数的乘积。比如 5! = 5×4×3×2×1 = 120。唯一需要说明的是 0! 的值被人为地规定为 1。和阶乘一起玩耍并不难，几乎所有的简易计算器都具备一键计算阶乘的功能。

　　在处理和概率有关的问题时，阶乘尤为有用。考虑这样一个问题：若 5 名嫌疑犯需要按一定顺序接受被害人的指认，那么他们列队的方式会有几种选择呢？为了找出答案，你当然可以尝试写出所有的可能，但这种做法不仅不那么牢靠，也很耗费时间。更为方便快捷的方法是应用数学来解决这一问题。

　　当警官叫嫌犯进入指认室时，他将面临许多选择。一开始，他需要从 5 个人中任选一人。当第一个人进屋后，就只剩下 4 个人供他选择了（因为一

个人已经在屋子里了）。到了需要叫入第三个人的时候，他的备选方案就仅剩 3 个了。再后来，他所要面对的就只剩下二选一和单选了。基于以上的讨论，这位警官能够让嫌疑犯以 5!（即 5×4×3×2×1=120）种不同的顺序进入指认室。

聪明地使用阶乘

　　使用阶乘是很有乐趣的，而且它还能让你显得很机智。乍一看，你可能会认为化简 10!/9! 并不是那么容易的事，但即便不用计算器，我也可以立刻告诉你结果就是 10。这是因为，从阶乘的定义就可以知道，类似的化简其实都不能称为一个问题。为清楚起见，我们将上式中的阶乘展开：

$$\frac{10!}{9!} = \frac{10×9×8×7×6×5×4×3×2×1}{9×8×7×6×5×4×3×2×1}$$

　　看上去情况似乎更糟糕了，不过你会发现分母和分子中的大部分数字都会

彼此约去：

$$\frac{10!}{9!} = \frac{10 \times \cancel{9} \times \cancel{8} \times \cancel{7} \times \cancel{6} \times \cancel{5} \times \cancel{4} \times \cancel{3} \times \cancel{2} \times \cancel{1}}{\cancel{9} \times \cancel{8} \times \cancel{7} \times \cancel{6} \times \cancel{5} \times \cancel{4} \times \cancel{3} \times \cancel{2} \times \cancel{1}}$$
$$= 10$$

这个方法是很实用的。比如对于 8!/6!，我们可先将它化为 $8 \times 7 \times 6!/6!$，将左右两个 6! 消去就剩下了 $8 \times 7 = 56$。形象地说，这个方法就好比在 "剥洋葱"。就拿刚刚的例子来说，8! 和 6! 可以分别被视作有 8 层和 6 层的洋葱。为了抵消洋葱中相同的部分，首先就要将它们削得大小一致。

也就是说，8 层洋葱外面的两层需要被剥下。于是分子上的洋葱就被分解为三部分：原来大洋葱的最外两层（第八层和第七层）以及剩下的 6 层小洋葱。现在分子和分母上的 6 层洋葱就可以互相抵消了。

当需要化简 100!/98! 的时候，你会发现 "剥洋葱" 方法是多么有用了。对于这个问题，计算器是无能为力的。如果不信，只要试着用计算器去算一下 100!，你就会发现这个数字的大小已经远远超出了计算器的处理能力。幸运的是，我们还可以在大脑的帮助下来 "剥

洋葱"：

$$\frac{100!}{98!} = \frac{100 \times 99 \times 98!}{98!} = 100 \times 99 = 9900$$

看到了吧，又快又好，你也显得聪明极了！

最后我们再用 "剥洋葱" 的方法来处理一个问题：

$$\frac{16!}{14! \times 5!}$$

为化简该式，我们将 16! 层层剥开，直到它看上去和 14! 一样为止：

$$\frac{16 \times 15 \times 14!}{14! \times 5!}$$

将 14! 从分数线上下方消去：

$$\frac{16 \times 15}{5!}$$

现在我们将 5! 展开为数字的乘积形式：

$$\frac{16 \times 15}{5 \times 4 \times 3 \times 2 \times 1}$$

简单的算术计算给出 5 乘以 3 等于 15，于是将它们和分子中的 15 同时消去，就得到：

$$\frac{16}{4 \times 2 \times 1}$$

算出分母中数字的乘积，上式就成为：$\frac{16}{8}$ 或 2。

完成这些计算完全不需要借助计算器。你体内的阶乘力量正在喷薄而出，有没有！

排列和组合

寒假结束后，我所任教的学校就会迎回懒洋洋的返校生。每当此时，楼道里总会发现几个想不起自己储物柜密码的人。不过实际上，他们忘记的并不是一些数字的组合，而是一个排列。在某种意义上，所有组合锁都应该叫作排列锁。若要知晓此中的缘由，就请听我慢慢道来。

排列

从包含 n 个元素的集合中有序地选出 r 个元素的可能方式称为排列。为澄清这一概念，我们来举一个例子。

共有 8 名选手冲进了奥林匹克百米赛跑的决赛。赛后这 8 人中将有 3 人站上领奖台（冠军、亚军和季军），那么最终的结果会有多少种可能？

由于只有 3 个人会最终站上领奖台，我们要从 8 个人的集合中找出一个包含 3 个人的小集合，也就是说 n 和 r 分别应为 8 和 3。考虑到 3 个人将取得不同的名次，所以他们之间会存在次序关系。换言之，我们需要从 8 个人中选出一个有序的 3 人组。

记号 $_nP_r$ 或 $P(n, r)$ 用来表示排列，其中 n 是大集合中元素的总量，r 是有序小集合中元素的个数。

其实，多数普通的科学计算器上都有计算排列的按键。

为了得到最终的答案，我们将利用下述公式：

$$_nP_r = \frac{n!}{(n-r)!}$$

对于此处的例子，该公式会给出：

$$\frac{8!}{(8-3)!} = \frac{8!}{5!} = 8 \times 7 \times 6 = 336$$

前面我们提到过一个关于嫌疑犯列队的问题，那里的方法同样可以被用来处理此处的问题。我们首先要问冠军的人选有多少？因为 8 个人中的任意一位都有可能脱颖而出，所以有 8 种可能。那么亚军就只能从剩下的 7 个人中产生（因为一个人已经撞线了），而余下的 6 个人中还会有一位幸运儿赢得铜牌。

将上面提到的数字

相乘就得出了同样的答案 336。

组合

除去一点，组合和排列是十分相似的，但这唯一的区别却十分重要。排列是指从 n 元集合中有序选出 r 个元素的方式，而组合则忽略顺序，只考虑如何从 n 元集合中取出 r 个元素。表示组合的符号是 $_nC_r$ 或 $\frac{n}{r}$，计算公式为：

$$_nC_r = \frac{n!}{(n-r)!r!}$$

同样，我们也考虑一个例子。在奥林匹克的百米预选赛中，最先撞线的 3 个人将会进入下一轮。若某个参赛小组中共有 8 名选手，那么该小组的晋级情况会有多少种不同的可能？由于前 3 名的名次并不会改变晋级结果，所以此处我们无需考虑 r 元子集中元素的次序。经过计算就能得到结果：

$$_nC_r = \frac{8!}{(8-3)! \times 3!}$$

$$= \frac{8!}{5! \times 3!} = 56$$

可见，对于决赛，因为需要考虑奖牌的归属，所以共有 336 种排列。但在预选赛中，不同选手得以晋级的可能情况仅有 56 种。

可能你已经敏锐地意识到，对于这里给出的例子，组合的数目小于排列的数目。完全正确，组合的数量永远不会超过排列的数量。事实上，下述等式就给出了排列和组合间的关系：

$$_nC_r = \frac{_nP_r}{r!}$$

是否要考虑顺序

人们常常会忘记排列公式到底是应在顺序重要的情况下使用还是在与顺序无关的情况下使用。我解决这个问题的方法是将排列和组合想象成两个人。排列自然是名如其人，他一定对次序十分挑剔，而组合则对次序毫不在乎。

现在让我们再来谈谈学校的储物柜。为什么说那里的组合锁都应该叫作排列锁呢？因为要打开这样的锁，学生需要按一定的次序输入几个数字。假设这些锁的密码由 3 个数字组成，若其中一把锁的密码设定为 33，21，45，那么即便你输入 21，33，45 也不可能打开它。既然顺序是至关重要的，所以这些锁实际上更应称为排列锁。

帕斯卡三角形（1）

　　帕斯卡三角形中隐藏着太多优美的数学结构，而与之相关的炫酷计算也自成一体。不过要指出的是帕斯卡并非首个发现该三角形的人。从现存的记录来看，早在帕斯卡出生以前，在中国（称之为杨辉三角）、印度和波斯都出现过相关的研究。而帕斯卡三角形的得名则和先前提到的西方中心主义不无关系。

写出帕斯卡三角形

　　帕斯卡三角形的历史十分悠久。因与二项式的展开（参见第 122～123 页）相关，所以在数学发展的初期，它是十分有用的。早在公元 6 世纪，印度数学家伐罗诃密希罗就曾在其著作中使用过和帕斯卡三角形相差无几的三角形。

　　做出帕斯卡三角形是很简单的。首先将 1 作为三角形的顶点写下来，然后在 1 的左右斜下方再分别添加一个 1，构成三角形的第二层。接下来的每一层都依然会以 1 开头和结尾。除此以外，三角形内部的其他数字都等于它左上方和右上方的两数之和。

帕斯卡三角形中的规律

　　帕斯卡三角形中蕴含的数学规律之多简直堪称奇迹。比如，三角形中最外侧的左右两条斜边由数字 1 构成。在紧挨它们的两条斜边中，你可以找到全体自然数。接下来，在第三层的斜边中则包含了三角数，并且边上处于奇数位置的数字都是六边形数。而出现在第四层斜边中的数字都是四面体数。此外，在帕斯卡三角形中还蕴含着和一些不太常见的数字有关的规律，这其中就包括五胞体（某种奇异的四维四面体）数和卡塔兰数。不过鉴于篇幅有限，我们就不在此一一赘述了。

构造帕斯卡三角形是很容易的。

乘幂和帕斯卡三角形

如果将帕斯卡三角中每行的数字加起来，你就会发另一个隐藏其中的数学规律。第一行中唯一的数字为 1，对第二行求和的结果为 2，第三行则是 4。接下来，第五行和第六行分别给出了 8 和 16。这样的计算可以一直做下去，不过你可能已发现了帕斯卡三角形中每行的数字之和都是 2 的某个方幂（参见右上图）。

帕斯卡三角形的行标	该行数字之和	2的方幂
1	1	2^0
2	2	2^1
3	4	2^2
4	8	2^3
5	16	2^4
6	32	2^5

除去 2 的方幂，帕斯卡三角形和 11 的方幂也关系密切。如你所见，第一行中的数字是 1，也就是 11^0（任何数的 0 次幂都为 1）。第二行中的两个 1 可被视为 11。下一行中的 121 则是 11^2。基于这些观察，不难猜出 11^3 的值应该是 1331，而 11^4 则等于 14641。

接下来事情却有些棘手。帕斯卡三角形中第六行的数字并不等于 161051（即 11^5）。这一错位的罪魁祸首其实是本行中的两个两位数字。不过只要稍作修正，我们就会发现先前的规律依旧成立。事实上，三角形中的每个位置都与十进制计数法中的某个数位相对应。具体来说，每行从最右侧开始的位置依次为个位、十位、百位、千位等。因为在第六行的百位和千位上各有一个 10，所以依据十进制的规则，我们需要向千位和万位各进 1 位。

清楚起见，我们来仔细说明一下为何第六行中的数字 1，5，10，10，5，1 应该等于 11^5。最右端个位上的 1 所代表的数值为 1，它左边十位上的 5 则给出了 50。依次类推，各个位置数字所对应的数值见下表：

第六行	1	5	10	10	5	1
个位						1
十位					5	0
百位				10	0	0
千位			10	0	0	0
万位		5	0	0	0	0
十万位	1	0	0	0	0	0

可见百位和千位需要进位。完成进位操作后，百位、千位和万位上的数字分别为 0，1 和 6。于是就有：

11^5 =　1 6 1 0 5 1

也就是说，只需在该进位时进位，帕斯卡三角形中各行的数字就对应了 11 的所有方幂。

帕斯卡三角形（2）

如前所见，同斐波那契序列和黄金分割一样，帕斯卡三角形也散发出某种对称的美感。而欣赏这样的美其实并不需要掌握多么高深的数学知识。

帕斯卡三角形之美

要揭示隐藏在帕斯卡三角形中的许多美妙规律，我们所需的仅是一些彩笔和探索精神。一个值得尝试的做法是：首先选定具有某种性质的数字，比如所有可被 5 整除的数，然后在帕斯卡三角形中这些数字所在的位置涂上同一种颜色。或者你也可以随意挑选一个正整数作为除数，并为 0 到除数减 1 中的每个整数指定一种颜色。接下来，让三角形中每个位置的数字除以该数。不过我们并不计算小数值，而只是确定该整数除法中被除数未被除尽部分，即余数。这个数字一定是 0 到除数之间（不包括除数）的某个整数。最后用和余数对应的颜色为相应的位置上色。只要尝试一下这里提到的做法，某些令人惊奇的图样模式就会呈现在你面前。除此以外，你当然还可以利用自己的想象力去尝试找出更多的规律。

利用前述的方法，通过选取 2 为除数并计算余数。若为余数是 0 的地方留白，而仅给余数等于 1 的地方涂上颜色，就会得到所谓的谢尔宾斯基三角形。该

谢尔宾斯基三角形。通过将等边三角形不断划分为更小的全等三角形，你就会得到越来越精细的分形图案。

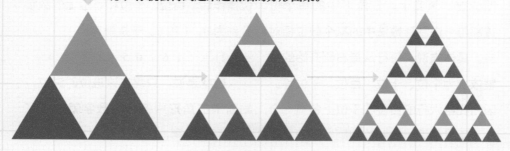

三角形由波兰数学家沃克劳·谢尔宾斯基（1882—1969）于 1915 年提出，并因此得名。这说明这些拥有数百年历史的数学和现代数学之间依然存在着千丝万缕的联系，有待我们去发掘。

通过谢尔宾斯基三角形，帕斯卡三角形同"分形几何"（也就是那些绘有奇异螺旋和花式的海报所展示的东西）建立了联系。这是一门相对年轻的学科，而"分形"一词则是在 1975 年才由法国数学家伯努瓦·曼德勃罗创造出来的。

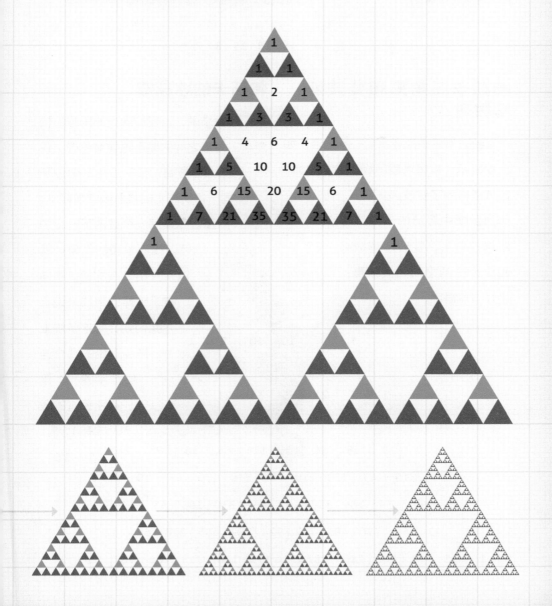

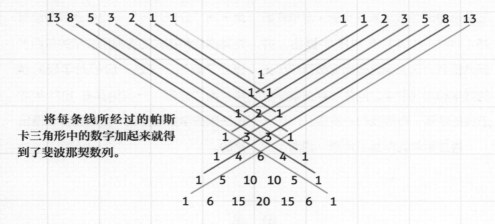

将每条线所经过的帕斯卡三角形中的数字加起来就得到了斐波那契数列。

帕斯卡三角形和斐波那契数列

帕斯卡三角形还有另一手绝活。如上图所示，将每条线所经过的数字加起来就得到了斐波那契数列。可见作为数学中最酷的三兄弟，帕斯卡三角形、斐波那契数列和黄金分割之间的关系真是好得不得了。

帕斯卡的冰球棒

对我来说，发现加拿大的国球和帕斯卡三角形之间的联系是很有趣的。我们马上会看到，若将三角形中位于同一条斜线上的某些数字加起来，那么在最后一个数的下一行中总可以找到求和的结果。就以从左边算起的第 5 条向右下延伸的斜线来说，我们要计算这条线上打头开始的几个连续数字的和。该线所经过的数字有 1，5，15，35，

70，等等。把这头 5 个数字加起来的结果是 126，而这就是位于 70 左下方的数字。若将求和的一串数字和计算的结果视为一根冰球棒，那么数字就是球杆，而结果则对应了杆刃。再举一个例子，考虑从右开始的第三条斜线上的头 4 个数字 1，3，6，10。它们的和就是 10 右下方的数字。一般来说，只要冰球棒的一端是 1，不管杆长是多少，上述规律总是成立的。也就是说，求和的结果总是位于球杆尾部的下一行中。至于杆刃到底是向左偏还是向右偏，则取决于球杆顶端的起始位置。

在帕斯卡的"花瓣"中也蕴含了帕斯卡三角形的一个绝妙性质。分别计算两组数字的乘积，你会发现得到的结果是一般无二的。

帕斯卡三角形和花

在帕斯卡的"花瓣"中也蕴含了帕斯卡三角形的一个绝妙性质。每个不在帕斯卡三角形边界上的数字都有 6 个数字与之相邻，就像花蕊被花瓣所包围一样。将 6 片花瓣分成两组，并使每组中的 3 个花瓣都互不相邻。分别计算各组中数字的乘积，你就会发现所得到的结果是一般无二的。为了让你信服，我们来看一个例子。选取第六行从左数的第三个数字 10 作为花蕊，围绕它的数字是 4，6，10，20，15 和 5。将 3 个互不相连的数字 4，10 和 15 乘起来的结果为 600。再计算余下 3 个数字 6，20 和 5 的乘积，依然得到 600。这难道不是很奇妙吗？

						1						
					1		1					
				1		2		1				
			1		3		3		1			
		1		4		6		4		1		
	1		5		10		10		5		1	
1		6		15		20		15		6		1
1	7	21	35	35	21	7	1					
1	8	28	56	70	56	28	8	1				
1	9	36	84	126	126	84	36	9	1			
1	10	45	120	210	252	210	120	45	10	1		
1	11	55	165	330	462	462	330	165	55	11	1	
1	12	66	220	495	792	924	792	495	220	66	12	1
13	78	186	715	1287	1716	1716	1287	715	186	78	13	1

二项式定理

利用二项式定理可以非常简便地展开（或乘开）二项式。当处理诸如投硬币这样只有两个结果的概率问题时，二项式定理可以发挥最大的作用。这类仅涉及两种选择的问题看上去似乎有较大的局限性，但在现实中将事物归为两类的做法不仅简便可行，而且也是十分有用的。

是正面还是反面?

来展开一些二项式吧

因为任何数的零次方都等于 1，所以展开 $(x+y)^0$ 的结果就是 1。而将 $(x+y)^1$ 展开的结果是 $1x + 1y$。

接下来，若要算出 $(x+y)^2$，我们需要将它写为 $(x + y)(x + y)$，乘开后就得到了 $1x^2 + 1xy + 1xy + 1y^2$。合并同类项后的结果为 $1x^2 + 2xy + 1y^2$。

要展开 $(x+y)^3$，我们首先将它写成 3 个 $(x+y)$ 相乘的形式：

$$(x + y)(x + y)(x + y)$$

接下来计算前两个二项式的乘积，化简后得到：

$$(x^2 + 2xy + y^2)(x + y)$$

现在求出三项式和二项式的乘积，就有：

$$1x^3+1x^2y+2x^2y+2xy^2+1xy^2+1y^3$$

此后合并同类项就得到了最终的结果：

$$1x^3+3x^2y+3xy^2+1y^3$$

完全可以想象，随着指数的增加，类似的展开操作将很快成为一项无比繁琐的工作，以至于就连像我这样热爱数学的人也对展开接下来的二项式毫无兴趣，所以我也就不在这里继续这样的计算了。不过幸运的是，我们其实拥有一件处理二项式的法宝。到现在为止，我们已经得到了以下几个等式：

$$(x+y)^0=1$$

$$(x+y)^1=1x+1y$$

$$(x+y)^2= 1x^2+2xy+1y^2$$

$$(x+y)^3= 1x^3+3x^2y+3xy^2+1y^3$$

只要观察一下这些等式右侧各项的系数，你就会发现它们其实源自帕斯卡三角形。所以若要得到二项式 $(x+y)^4$ 的展开式，我们完全不需像先前那样去做成堆的计算。事实上 $(x+y)^4$ 展开后应等于：

$$(x+y)^4 = 1x^4 + 4x^3y + 6x^2y^2 + 4xy^3 + 1y^4$$

不过，仅知道系数并不足以确定展开式，我们还需要找到和系数对应的变量。看一下前面的等式，你会发现从 4 开始，变量 x 的指数逐渐递减，直至到最后一项变为零（在最后一项中 x 似乎并没有出现，不过由于 x^0 等于 1，可以认为此项中包含了 x^0）。

所以，各项中 x 的指数分别为 4，3，2，1 及 0。此外，变量 y 的指数则是从 0 开始逐渐升高到 4，并且每项中两个变量的指数之和总是等于 4。其实这个和完全由待展开二项式的指数所决定，而这个例子中的二项式是 $(x+y)^4$。所以，若希望展开 $(x+y)^5$，只需利用帕斯卡三角形第六行中的数字，并配以相应的变量就能得到答案：

$$(x+y)^5 = 1x^5 + 5x^4y + 10x^3y^2 + 10x^2y^3 + 5xy^4 + 1y^5$$

利用阶乘来展开

当被要求展开 $(x+y)^{13}$ 时，你会怎么做呢？为了找出系数，难道真的需要写出帕斯卡三角形的前 14 行吗？不需要，真的不需要。事实上，利用阶乘一样可以得出展开式中的系数。再来看看上面的最后一个例子：

$$1x^5 + 5x^4y + 10x^3y^2 + 10x^2y^3 + 5xy^4 + 1y^5$$

上式中第二项的系数是 5，这个数字就可以用阶乘算出。注意，在该项中 x 和 y 的指数分别为 4 和 1，并且它们的和等于 5。而 $\dfrac{5!}{4! \times 1!}$ 恰好就等于 5。在下一项中 x 的指数是 3，y 的指数是 2，$\dfrac{5!}{3! \times 2!}$ 也正好等于 10。一般来说，展开式中某一项前面的系数是：

$$\frac{\text{指数之和的阶乘}}{\text{第一个指数的阶乘} \times \text{第二个指数的阶乘}}$$

现在，已经没有什么可以阻止我们来展开 $(x+y)^{13}$ 了。为了写出展开式，我们可以先列出所有的项，再逐一写出相应的系数。如下所示，忽略系数，展开式的前几项为：

$$x^{13},\ x^{12}y,\ x^{11}y^2,\ \cdots$$

填入系数，上式就变为：

$$\frac{13!}{13! \times 0!}x^{13} + \frac{13!}{12! \times 1!}x^{12}y + \frac{13!}{11! \times 2!}x^{11}y^2 + \cdots$$

求出阶乘，就得到：

$$1x^{13} + 13x^{12}y + 78x^{11}y^2 + \cdots$$

另一个展开法门

组合也可以被用来计算二项式展开式中的系数。依然以 $(x+y)^{13}$ 为例，我们可以将它的展开式中的头几项写为：

$$_{13}C_0 x^{13} + {}_{13}C_1 x^{12}y + {}_{13}C_2 x^{11}y^2 + \cdots$$

这里所提到的 3 种方法在本质上并无不同。对于具体的问题，你可以任选最为合适的方法来使用。

莱昂哈德·欧拉

　　莱昂哈德·欧拉生于1707年3月15日，他是史上最多产的数学家之一。欧拉的父亲保罗曾受过一些数学训练，并向他的儿子传授了初等数学。1720年，欧拉进入大学学习。不久后，他的天赋便显现了出来。仅仅3年后，欧拉便取得了哲学硕士学位。

圣彼得堡—柏林—圣彼得堡

　　1726 年，在举世闻名的约翰·伯努利的大儿子尼古拉斯·伯努利过世后不久，欧拉接掌了他在圣彼得堡科学院的职位。此后，欧拉一直与伯努利的二子丹尼尔一起生活和工作。不过，丹尼尔逐渐对科学院感到厌倦。1733 年，丹尼尔离开了科学院，欧拉得以接任首席数学教授之职。欧拉在 1734 年步入了婚姻的殿堂。他一生共育有 13 个子女，不过仅有 5 个活到了成年。

　　1741 年，欧拉接受了柏林科学院的职位，并在那里生活了 25 个年头。期间，他完成了多篇学术论文。1759 年，欧拉获得了柏林科学院的领导权。欧拉在 1766 年再次回到圣彼得堡科学院，此后不久他便失明了。虽然目不视物，但在儿子约翰和克里斯托夫的协助下，欧拉依然笔耕不辍。1783 年 9 月 18 日，欧拉离开了人世，在此之前他从未停止

过工作。

柯尼斯堡的桥

　　柯尼斯堡七桥问题是一个经典的数学问题。柯尼斯堡，即今天俄罗斯的加里宁格勒，在历史上曾属于普鲁士。有一条河流经这座城市。河中有两个小岛，河岸和小岛及小岛之间共建有 7 座桥梁连接彼此。问题是能否从某个地点出发，不重复地经过 7 座桥并最终回到起始点。

　　这无疑是个奇怪的差事。不过可以肯定的是，欧拉已经证明了这也是一个不可能完成的任务。对于这个问题，连接每块陆地的桥梁数目是真正的决定性

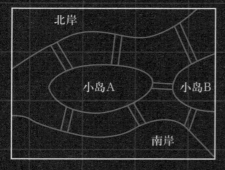

在柯尼斯堡七桥问题中，陆地可以被当作点来考虑，陆地之间的桥则以线来表示。这种抽象方式在各种图示中是很常见的。比如在火车路线图中，车站常被绘制成点，而线段就代表了铁轨。欧拉路径是一个很实用的概念，例如运输公司都希望能够节省燃油并降低行驶费用，那么最理想的行车路线必然是不包含回头路的欧拉路径。

因素。因为你一旦进入了一块不是起点或终点的陆地，随后就必须离开，这就需要你走过两座不同的桥梁，所以连接不是起点和终点的陆地的桥梁数目必为偶数。而在柯尼斯堡七桥问题中，每块陆地都被奇数座桥梁所连接。不过若是（并且只需）连有奇数座桥梁的陆地（或点）的数目等于 2，那么就必定可以找出一条不重复地经过所有桥（或边）的路线，这就是所谓的"欧拉路径"。此

处只要将两岛之间的桥拆掉，该要求即可得到满足。此外，一条首尾相接的欧拉路径叫作"欧拉回路"。当所有陆地（或点）都架有偶数座桥时，欧拉回路就一定会存在。

在解决柯尼斯堡七桥问题之余，欧拉还给出了公式：$V - E + F = 2$。这个公式描述了多面体顶点、棱和面之间的关系，其中 V，E 和 F 分别代表了多面体中顶点、棱和面的数量。

有关记号的八卦

欧拉创造的许多记号直到今天依然在被使用。这其中包括用来表示以 x 为变量的函数 $f(x)$、代表求和的希腊字母 Σ、复数单位的符号 i 以及常数 $2.71828\cdots$ 的记号 e。约翰·奈皮尔的著作是与 e 有关的最早文献，但发现该常数的殊荣则属于雅各布·伯努利，他同时也是欧拉恩师的儿子。在欧拉开始使用 e 表示这个

常数后，该记号遂被固定了下来。同 π 和 φ（参见第 20 ～ 21 页和第 88 ～ 89 页）一样，e 也是一个神奇的数字。它的值可以通过下面的无穷级数来计算。

现在数学中最美妙公式终于可以隆重登场了：$e^{i\pi}+1=0$。虽然我曾有过将这个公式印在 T 恤衫上的想法，但我觉得大家还是会更喜欢我那件绘有 π 的衣服。

$$e = \frac{1}{0!} + \frac{1}{1!} + \frac{1}{2!} + \frac{1}{3!} + \frac{1}{4!} + \cdots$$

跑步去吧

长跑爱好者是一群不一般的人，他们兼具力量、耐力和决心。为了能够早些休息，以便能在周六起个大早去公园晨跑，他们还必须能以禅师般的定力拒绝周五晚上朋友的派对邀约。此项运动的痴迷者总会想方设法地为自己加码，就连冰雹和大雪都丝毫不能减弱他们慢跑上学的决心。对于已被汗水浸湿的莱卡运动服，他们毫不介意。为了多跑上几分钟而绕远更是家常便饭。

跑跑跑

为了表达对杰出长跑爱好者的敬意，我们在这里提出一个与跑步有关的挑战。挑战的问题和前页中所介绍的欧拉回路有关。右侧的图中详细地绘出了一些可以跑步的道路，这些线路连接了从 A 到 G 七个地点。那么在不重复地跑过图中的每条道路的前提下，是否可以从 A 点出发并最终回到该点？若不行，可不可以通过删减或添加一些线路使之成为可能？另外，还能不能找到一条仅经过所有道路一次的跑步线路？在继续阅读前，你或许可以自己尝试着来解决这些问题。

欧拉回路

这当然是个典型的欧拉回路问题。在图中你会发现 7 个点，换言之，道路会在 7 个地方交汇。因为从 A 出发的道路只有两条，所以这是个偶数点。至于其余的 6 个点，遗憾的是汇聚于那里的道路数量都是奇数。所

或许你设定的慢跑路线要简单得多，不过你能解开这个欧拉回路之谜吗？

以就目前的情况来看，欧拉回路是不存在的。

为了能找到欧拉回路，我们要把从各个点出发的道路数量都变成偶数。另外只要沿某条线路跑上两次，就相当于额外增添了一条道路。不过由于长跑者普遍更喜欢长一些的线路，所以在取舍道路时，我们会遵循舍短求长的原则。

首先从 A 经 B 前往 C，也就是我们选择放弃标记为 2 的道路。接下来，在到达 D 后，移除 6 号路并向 E 进发。这样一来通往 D 和 G 的道路数量就变成偶数了。此后从 E 处跑到 F 处，再经 G 绕一个圈子回到 F。这时，我们需要再一次跑过 9 号路。这等同于增添了一条道路，于是 F 和 E 也变成了有偶数条道路经过的点。同样，从 E 点回到 B 点后，再走一次 1 号路，B 和 A 也就成为了偶数点。

经过以上调整，欧拉回路就一定存在了。

也就是说，在移除两段较短的道路并重复跑过两条相对较长的线路后，我们终于找出了一条欧拉回路。该线路所经道路的编号依次为 1 → 3 → 4 → 5 → 9 → 7 → 8 → 9 → 10 → 1。

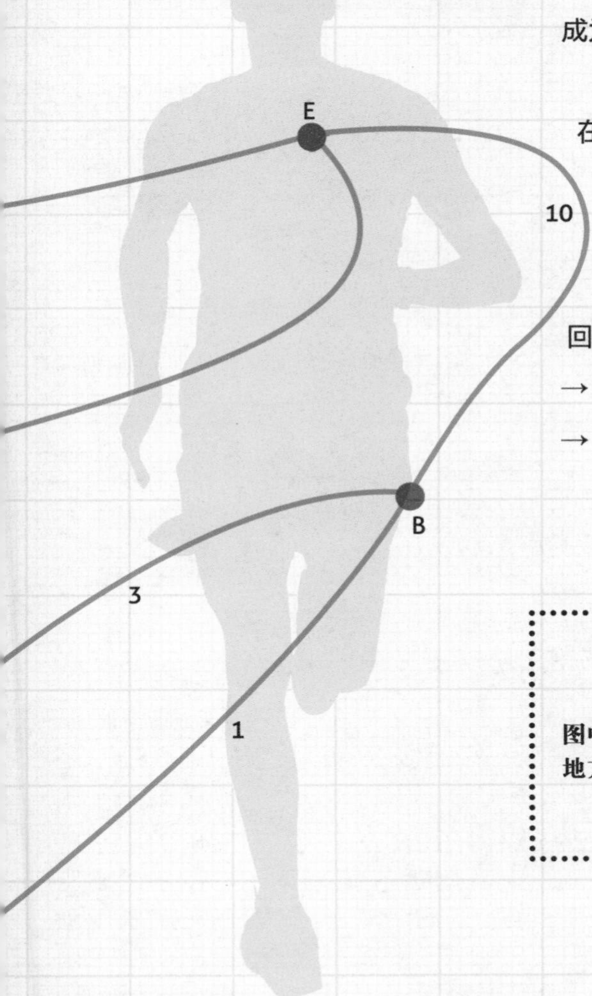

这当然是个典型的欧拉回路问题。在图中你会发现7个点，换言之，道路会在7个地方交汇。

高斯

你遇到过无所不知的人吗？每当你讲完一件刚刚听来的新鲜事，这种人总会回答："这个呀，我早就知道了。"某些时候，你也许会相信他们的说法，不过大多情况下，你只会认为他们就是吹牛皮。不过我要告诉你的是卡尔·弗里德里希·高斯就是这样一个人，他确实知道得很多。若论及超凡的天才，卡尔·弗里德里希·高斯也绝对是其中出类拔萃的一位。

早期的生活

1777 年，高斯生于德国的布伦瑞克。在小学期间，年仅 7 岁的他就凭借自己的天分令老师刮目相看。11 岁时，他升入中学开始学习多种语言。1792 年，15 岁的高斯进入了布伦兹维克学院。在那里，他独立发现了二项式定理（参见第 122 ～ 123 页）。3 年后，高斯离开了布伦兹维克前往哥廷根大学。不过他并没有在哥廷根取得学位，而是在 1799 年回到布伦兹维克，并获得了那里授予的学位。在此期间，布伦兹维克公爵一直是高斯的资助人。在公爵的要求下，高斯向海尔姆斯台特大学提交了博士论文。这篇论文的主题就是代数学基本定理。

多事之秋

在自己的资助人布伦兹维克公爵去世后，高斯于 1807 年接受了哥廷根天文台台长的职位。在这之前，高斯曾经精确地预测了谷神星（按今天的标准被归为矮行星）和智神星（现被列为小行星）这两个新天体的位置。1808 年，高斯的父亲去世了。次年他的第一位妻子约翰娜在产下他们的次子后便死于难产，而这个名为路易斯的孩子在 1810 年也夭折而去。一年后，高斯和约翰娜

"即便所有以数学为业的人都具有某类缺陷，你也无法将它归罪于数学本身，因为类似的现象在其他的专业领域中也会出现。"

——卡尔·弗里德里希·高斯

▶ 主要著作

《算术研究》：若不算他的博士论文，高斯出版的第一部著作就是完成于 1801 年的《算术研究》。该书的主要内容是数论，其中包含了对素数（参见第 16 页）和丢番图方程（参见第 54 ～ 55 页）的研究。

《天体运动理论》：1809 年，高斯出版了他的第二部作品。先前对谷神星和智神星位置的成功预测是本书的写作契机。按如今的分类，谷神星和智神星只能被归为矮行星和小行星。不过在一开始，它们都曾被误认为是新发现的行星。

论文：高斯一生发表了多篇论文，其中涉及级数、积分、统计和几何。

的好友米娜一同组建了家庭。总的来说，在 1805 年到 1811 年间，高斯经历了两次婚姻，育有 4 个孩子，3 次遭遇丧亲之痛。这对任何人来说都可谓是一段艰难的岁月。

晚年

1831 年，德国物理学家威廉·韦伯（1804—1891）应高斯的邀请来到哥廷根。此后直到 1837 年韦伯被迫离开哥廷根为止，他们一直在一起工作。期间，两人共同撰写了多篇论文。

这些工作对现实有很多影响，比如国际单位制中磁通量的单位就被称作"韦伯"，而去除物体磁场的消磁过程则因高斯而得名。在开启电视机或计算机显示器时，你所听到的奇异声响就是该过程捣的鬼。

代数学基本定理

高斯对数学最重要的贡献之一当属"代数学基本定理"。这个定理表明任何实系数或复系数的多项式都有复数解。换句话说，对于以实数或复数为系数的 n 阶多项式，你一定能够找出 n 个根，也就是 n 个解。比如在第 102 ～ 103 页中，我们将阶数为 2 的二次方程（抛物线）分为了三类，各类方程的解分别是两个不同的实数、两个相同的实数或两个复数。但不管如何，解的数目都是 2。

30岁时，高斯被任命为哥廷根天文台台长。

第 6 章

用秘语对话

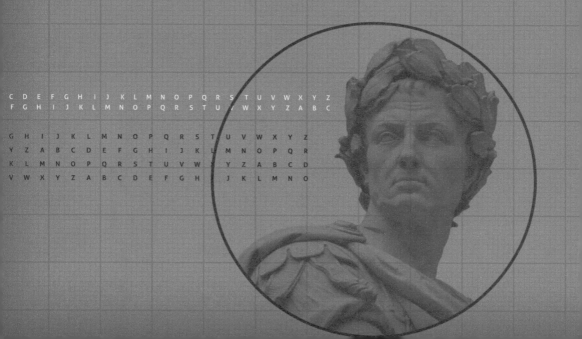

C D E F G H I J K L M N O P Q R S T U V W X Y Z
F G H I J K L M N O P Q R S T U V W X Y Z A B C

G H I J K L M N O P Q R S T U V W X Y Z
Y Z A B C D E F G H I J K L M N O P Q R
K L M N O P Q R S T U V W X Y Z A B C D
V W X Y Z A B C D E F G H I J K L M N O

游走于代数的历史之间，我们会发现它在许多领域中都发挥着重要的作用。在本章中，除去对数，我们还将谈及隐私这个和我们生活息息相关的话题。同样，代数在该领域中也起到了非同小可的作用。不过，若要剖析现代计算机中所使用的谜一般的加密算法，本书的篇幅是完全不够的。所以，我们仅来谈一谈更为浅显却同样引人入胜的古典密码。

幂法则

在一头扎进钱眼并开始计算利率之前，我们最好回顾一下什么是幂。幂就是多次乘积的结果，比如 2^5（此处5是指数）就等同于 $2 \times 2 \times 2 \times 2 \times 2$。

幂的把戏

幂的表达式由 3 个部分构成：系数、底数和指数。例如对于 $3x^5$ 来说，3 是系数，x 为底数，5 则是指数。现在让我们来看一看幂运算所要遵循的幂法则。

（1）$x^n \cdot x^m = x^{n+m}$

当计算同底数幂的乘积时，你只需将全部指数加起来。比如：

$$x^2 \cdot x^3 = x^5$$

（2）$x^n \div x^m = x^{n-m}$

在求同底数幂的商时，你只需计算指数的差。比如：

$$x^7 \div x^4 = x^3$$

（3）$(x^n)^m = x^{n \cdot m}$

在计算幂的乘方时，底数不变，并将幂的指数和乘方的指数相乘。比如：

$$(x^3)^2 = x^6 \text{（利用第一条规则）}$$

（4）$(xy)^m = x^m y^m$

也就是说，在求两个或多个底数的积的乘方时，你可以先求出每个底数的幂，再将所得的结果相乘。例如：

$$(xy)^3 = x^3 y^3$$

（5）$(\frac{x}{y})^m = \frac{x^m}{y^m}$

换句话说，在求分数的乘方时，可以先分别计算分子和分母的乘方，再将得到的幂相除。比如：

$$(\frac{x}{y})^3 = \frac{x^3}{y^3}$$

（6）$x^0 = 1 \ (x \neq 0)$

下面的例子可以用来说明这条规则的必要性：

$$\frac{x^3}{x^3} = 1$$

利用第二条规则，就有 $\frac{x^3}{x^3} = x^{3-3} = x^0$。因为数学中不应存在矛盾，所以 $x^0 = 1$。也就是说除了 0^0，所有非零数的零次幂都等于 1。

（7）$x^{-4} = \frac{1}{x^4}$

上面的等式与规则（2）和（6）相关。事实上：因为 $x^{-4} = \frac{1}{x^4}$，所以

$$x^{-4} = x^{0-4} = \frac{x^0}{x^4} = \frac{1}{x^4} \text{。}$$

（8）$\dfrac{1}{x^{-m}} = x^m$

利用规则（2）和（6），因为 $\dfrac{1}{x^{-4}} = x^4$，所以：

$$\dfrac{1}{x^{-4}} = \dfrac{x^0}{x^{-4}} = x^{0-(-4)} = x^4$$

（7）、（8）两条规则无非表明了这样一个事实：在交换分母和分子的位置时，需要同时改变它们指数的符号。比如：

$$\dfrac{2^{-3}}{3^{-2}} = \dfrac{3^2}{2^3} = \dfrac{9}{8} = 1.125$$

在第 14 ～ 15 页中，我们按一定顺序给出了不同的数集。也许你已注意到了，上述幂法则的排列也体现了相同的次序。若说一开始的 5 个法则仅涉及指数全是自然数的情况，那么在法则（6）中，零就首次作为指数出现了。从此开始，正整数的概念就是必需的了。到了（7）、（8）两条规则中，所有整数都必须可以作为指数出现了。接下来，我们就将指数的取值范围扩充为有理数，并介绍一下与之相关的规则。为了清楚起见，我们将一条规则拆分为两条来分别说明。

（9）$\sqrt[n]{x} = x^{\frac{1}{n}}$

通过考虑 x 的平方根，可以更好地理解上述等式。首先 x 的平方根一般记为 $\sqrt[2]{x}$。对于平方根来说，上述记号中的数字 2 不是必需的。但若要表示一个数的 3 次或更高次方根，就要在根号左上角注明相应的次数。下面的运算将表明 $\sqrt[2]{x}$ 应该等于 $x^{\frac{1}{2}}$。将 x 的平方根同自己相乘的结果为（此处的运算对 x 的取值是有一定限制的，参见下面的内容）：

$$\sqrt{x} \cdot \sqrt{x} = \sqrt{x \cdot x} = \sqrt{x^2} = x$$

而 $x^{\frac{1}{2}}$ 与自己相乘也会得到相同的结果。类似地，$\sqrt[3]{x}$ 等于 $x^{\frac{1}{3}}$。对于更高次方根也有同样的结果。下一个规则是法则（9）的推广。

（10）$\sqrt[n]{x^m} = x^{\frac{m}{n}}$ 或 $(\sqrt[n]{x})^m = x^{\frac{m}{n}}$

比如：$\sqrt[3]{x^2} = x^{\frac{2}{3}}$ 或 $(\sqrt[3]{x})^2 = x^{\frac{2}{3}}$。

小心！

当运算涉及乘方和开方时，我们需要格外小心，因为它们有时会引发一些不同寻常的现象。比如让我们来计算 -2 平方的平方根 $\sqrt{(-2)^2}$。按正常的运算顺序，我们首先算出 -2 的平方为 4，再来计算 4 的平方根，最终的答案是 2。现在略微调换一下运算顺序来求 $(\sqrt{-2})^2$。开根号的结果为 $\sqrt{2}\,i$，该复数的平方等于 $2i^2$，也就是 -2。可见运算顺序对结果的影响还是很大的。

指数方程

指数在金融（用来计算复利）、生物（用来描述增长和衰落）、物理（用来描述放射性元素的衰变）、化学（用来描述反应速度）、经济（用来描绘供给和需求曲线）及许多其他的领域中都有着广泛的应用。就连我家那里（不列颠哥伦比亚省）由山松甲虫引起的松林枯萎的速度也和指数有关。

很多方程都含有指数，但唯有当变量出现在指数上的时候，一个方程才能叫作指数方程。比如 $2^x = 8$ 是指数方程，而 $x^2=9$ 则不是。接下来，我们将讨论一些和现实生活相关的指数方程。不过在此之前，让我们先来看看如何求解此类方程。

求解指数方程

指数方程常能以一种直截了当的方法解出。比如在看到 $2^x = 8$ 时，很多人都会脱口而出地报出正确的答案 3。这是一种对数字的直觉，但要剖析此间的机理也不是件容易的事。硬要说的话，你应该是把 8 转化成了 2 的方幂，于是方程变为了 $2^x = 2^3$。此时，鉴于等式两端的底数相同，所以只要比较指数就能得出正确的答案 $x=3$。

类似的方法也可能被用来求解方程 $3^{2x-1}=27$。因为 27 等于 3^3，我们可以将等式重新写为 $3^{2x-1} = 3^3$。现在底数又一样了，通过比较指数就能推断出 $2x-$ $1=3$。为了解出 x，我们首先在该等式两边同时加 1，其结果为 $2x=4$。接下来在两边除以 2，就得到了答案 $x=2$。

再来看一个例子 $2\times3^x = 162$。或许你会有一种将 2 和 3 乘起来的冲动，不过因为只有 3 拥有指数 x，所以这样做是不明智的。为了将指数项 3^x 分离出来，我们在等式两边同时除以 2，并将方程转化为 $3^x = 81$。现在注意到 81 等于 3^4，于是有 $3^x= 3^4$，这就说明 $x=4$。到此为止，一切顺利。不过对于像 $2^x=12$ 这样看来并不复杂的方程，先前的套路却失效了。我们现在唯一能做的就是指出它的解在 3 和 4 之间（因为 $2^3 = 8 < 12$ $< 2^4=16$）。只有在了解了对数（参见第 136 ～ 137 页）之后，我们才能得到更为精确的解。

山松甲虫

对不列颠哥伦比亚省来说，山松甲虫是个颇为棘手的问题。从 20 世纪 90 年代后期开始，这些小家伙就在省内的各处森林中肆虐。在疫区中，它们的数量呈指数增长。利用回归方法（我们不去解释其中的原理），可以找出和右图中数据最为匹配的方程。该等式可以写成：$A = 63 \times 2.32^t$，其中 A 是疫区的面积，t 则代表自 1998 以来的年数（如在 1999 年的时候，t =1）。利用这个方程，林业工作者就能够预测疫情的严重程度。可是不停繁衍的山松甲虫必然会引发一个结果，那就是可供它们咀嚼的树木也将不停地减少。若是在现实中放任不管，最终的结果很可能就是食尽虫亡。可见随着食物变得越来越匮乏，上述方程给出的结论就不再正确了。

放射性衰变

说起来，指数方程的另一项重要应用也多少和加拿大有些关联。不知你可否知道，全世界使用的医用同位素（放射性化学制品）有一半以上产自加拿大。在 2007 年 12 月曾出现过全球性医用同位素短缺，而这背后的原因正是加拿大的一座用于生产同位素的反应堆被关闭了。许多人因此提议生产同位素的实验室应该备有一些存货，以应不时之需。这恰恰暴露了一个常见的误解。说到放射性，大多数人都会想到"原子弹"和与之相关的长期放射性。这些的确很可

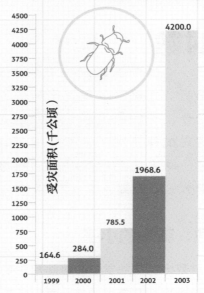

受灾面积（千公顷）

数据来自不列颠哥伦比亚省山林局

怕，不过很多放射性元素的半衰期（放射性物质衰变为原先数量一半所需的时间）其实是很短的。例如，用于治疗甲状腺癌的碘 -131，它的半衰期就只有 8 天。

因此在囤积碘 -131 时，为了弥补衰变带来的损耗，厂方实际的产出量必须超过预期的需要量。为便于讨论，考虑这样的情况，假定反应堆将在关闭 32 天后重新运转，不过在那一天我们需要保证仓库中还有 100 千克同位素的存货。方程 $F = (\frac{1}{2})^{\frac{d}{8}} I$ 给出了放射性元素的数量和半衰期之间的关系，其中 d 表示天数，而 F 和 I 则分别为放射性物质的最终数量和初始数量。现在根据 $F = 100$ 和 $d = 32$ 算出 I 1600。

可见，为了保证足够的存货，需要备出 16 倍于最终需求量的货物。

对数

　　见过指数以后，我们来认识一下它的对立面：对数。本质上，数学就是关于如何去和怎样回的。大多数时候，在学会了一项操作后，我们还要了解它的逆过程。例如，我们首先掌握了加法，然后就是减法。类似地，乘法之后便是除法，乘方之后就是开方。指数和对数也是一样，对数无非是指数的逆运算。

对数：新来的小子

　　对数出现在数学中的时间相对较短。它首次公开亮相的舞台是出版于1614年的《奇妙的对数表》，这本书的作者是苏格兰数学家约翰·奈皮尔（1550—1617）。在同一时期，瑞士数学家乔伯斯特·比尔奇（1552—1632）也独立发现了对数。不过直到纳皮尔的书出版了4年以后，他才公布了自己的研究成果。

　　起初，发展对数是为了简化复杂的乘法、除法运算。在计算器和计算机出现后，它的这一功用就显得有些可有可无了。实际上，在20世纪五六十年代，基于对数原理的计算尺可是科学爱好者和数学怪才的标准装备。到了80年代，连我在内的几乎所有人都已升级了装备。不过计算器虽然握在手，但我们的心依然是极客的心。今天，对数依然十分有用。我们常会依靠它们来比较数字

的大小，而最常见的对数一般是以10为底的。

　　"log"代表了以10为底的对数函数。若一个数字等于10的某个指数次方，那么log在该数字处的取值即为那个指数。比如，$\log 10$ 等于1。这是因为 $10 = 10^1$。类似地，还有 $\log 1000 = 3$，$\log 10000 = 4$，等等。又因为 $250 \approx 10^{2.4}$，所以 $\log 250 \approx 2.4$。可见对数能将很大的数字缩小，进而使它们更容易被处理。事实上，1到10亿中的任何数字都可以用对数变到0和9之间。

对数的实际用途

　　里氏震级就是基于对数性质设计的一种标度，它在现实中被用来衡量地震规模的大小。因为是一种对数标度，所以每一里氏都对应于10倍的幅度变化。也就是说，以破坏力而言，里氏4级地震和里氏7级地震之间的差距不

是 3 倍，而是整整的 1000 倍（7-4=3，10^3=1000）。这就是为何我们几乎感觉不到 4 级地震，而 7 级地震却会产生惊天动地的效果。

表示物体酸性或碱性程度的数值叫作 pH 值。类似于里氏震级，它也是一种对数标度。pH 值等于氢离子浓度的负对数。通俗来讲的话，就是物体越酸，它的 pH 值越小。pH 值的取值范围在 1 和 14 之间。1 代表了最酸的情况，14 就是最不酸（碱性最强）的情况。比如，若说牛奶和苏打水的 pH 值分别是 6.5 和 2.5，那么苏打水就比牛奶酸上 10000 倍（6.5 − 2.5 = 4，10^4 = 10000）。换言之，牛奶的碱性一般来说要比苏打水强上 10000 倍。

不同于里氏震级，分贝（dB）的数值每增加 10，声音的强度才会攀升 10 倍。一种处理分贝的简单方法是将它除以 10 后当作里氏震级来看待。例如，若吵闹的音乐有 100dB，而日常谈话的音量是 60dB，那么两者的强度就相差了 10000 倍。现在，我们来看看得出该结论的计算过程。首先将两个音量的数值都除以 10，接下来算出结果之差为 4。于是强度之差即为 10^4 倍，也就是 10000 倍。

当噪声强度达到 120dB 时，即使短时间地处于这样的环境中，听力也会受损。而对于 85dB 的环境，只有长期（8 小时以上）地暴露于其中才会引发听力问题。一般来说，声音强度每增加 5dB，暴露于其中而不损害听力的时间就要减少一半。因此，如果处于 90dB 的环境中，在 4 小时之内你的听力还是安全的。不过，要是声音提高到 95dB，安全时间就只剩下两个小时了。到了 100dB，时间再次缩短到 1 个小时。依此类推，120dB 时，只要 4 分钟，听力就会被永久性损害。

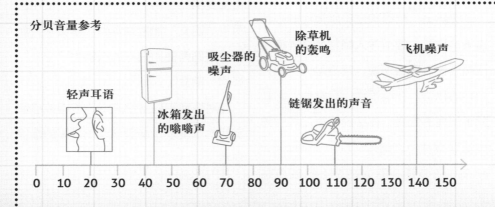

分贝音量参考

轻声耳语　冰箱发出的嗡嗡声　吸尘器的噪声　除草机的轰鸣　链锯发出的声音　飞机噪声

0　10　20　30　40　50　60　70　80　90　100　110　120　130　140　150

暗语和密码

隐私和金钱可谓息息相关。很难想象，若是没有密码来保护账号和身份信息，世界将会是什么样子？此外，对于要发送和接收的消息，防止第三者读到它们有时也是十分必要的。正因如此，密码这门艺术，以及和暗语、密码相关的数学早在古希腊时代就已经出现了。

被加密的世界

纵观历史，在绝大部分时间里，只有那些最为机密的政治、军事和经济信息才会使用暗语和密码来传递，而这中间也只少量被精选出的消息才会真正被加密。可是到了今天，生活在现代社会中的人们每时每刻都要和密码打交道。我们使用的信用卡或借记卡、访问的"安全"网站、可以远程解锁的轿车都离不开密码。即便如此，依然还有一些人尚未意识到密码的重要性。

暗语

实际上，暗语和密码所指代的东西是不一样的，但很多人经常会交换使用这两个词。严格来说，暗语是一种事先约定的秘语。在暗语中，日常词汇常被赋予不同的含义。在经典的第二次世界大战谍战片中，诸如"Les carottes sont cuites"（法语，意为胡萝卜已经煮熟了）这样另有深意的暗号，就是通过广播传递给法国抵抗运动的参与者的。在第二次世界大战期间，美军也雇佣了谙熟隐语的译电员，其中最著名的就是瓦霍族人。这些"风语者"就是操着经过改编的本族语言来帮助军方传递绝密消息的。

密码

不同于暗语，密码不是秘语，而是一种将消息编码的方法。在没有密钥的人看来，这些经过加密的消息就是毫无意义的乱码。在密码系统中，加密和解密都要用到密钥。消息的发送方使用密钥将"明文"加密并得到"秘文"，而接收方则需使用同样的密钥将"密文"译回"明文"。

对任何密码系统来说，取得或破解密钥的难度才是衡量该系统好坏的最终标准。

破译密码

在结束本次代数探索之旅前，我们还要介绍恺撒密码和维吉尼亚密码。恺撒密码比较简单。维吉尼亚密码是恺撒密码的升级版，相对复杂一些，并且直到美国南北战争期间还在被人们使用。这两种密码都是所谓的替换式密码，即通过将字母相互替换来达到加密的效果。如果你尝试过破解周日报纸上的密码难题，就一定不会对这种密码感到陌生。

这些密码难题虽然很有挑战性，但只要有耐心，并遵循一定的策略就可以破解它们。通过做出字母和词语的频率表，你就为破译此类密码打下了良好的基础。因为在英语文本中有近三分之一的字母都是"e"、"t"和"a"，所以在频率表的帮助下，你就可以去猜测"e"、"t"、"a"以及其他字母都是如何被替换的。除此以外，你还能依赖一些其他的线索。比如，由一个字母构成的单词就很可能是"I"或"a"，而最常出现的两字母单词有"of"、"to"、"in"和"it"；对于三字母单词来说，"the"、"and"、"for"和"are"则十分常见。若是加密保留了字母间的空格，那么这样的信息就可为你所用。

某些密码系统会采用其他的办法来隐藏信息。一种做法是将信息嵌入到大量无关紧要的文字中。也就是说，秘文中每 10 到 20 个字母中也许仅有一个字母才真正有用。寻找这些有意义的部分就像淘金一样，只有在筛去大量的泥沙后，金子才会现身。

破译恩尼格玛密码

第二次世界大战期间德国研制的恩尼格玛密码机也许是最为著名的密码系统。该密码机通过一系列的转轮生成用来加密和解密机密信息的复杂密码。不过，利用缴获的恩尼格玛密码机，盟军在布莱切利公园组织了卓有成效的破译工作。此举也加速了第二次世界大战的进程。

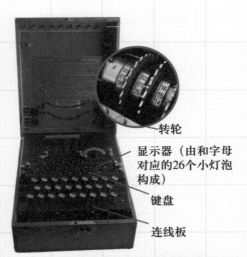

转轮

显示器（由和字母对应的26个小灯泡构成）

键盘

连线板

德国的通信系统使用由恩尼格玛密码机所生成的高度复杂的密码。

恺撒密码和维吉尼亚密码

这是两种十分简单的密码，其背后的原理都是字母表中字母的交互替换。在应用恺撒密码时，文本中的每个字母都会被替换，并且原字母和替换字母在字母表中的间距是固定的。在恺撒密码的基础上，维吉尼亚密码引入了密钥，从而使解密变得更为困难。

恺撒向后推

作为密码，以恺撒的名字命名的恺撒密码过于简单，不太安全。据传，恺撒曾通过将字母依次推后 3 位来加密他的私人信函。对下面例子中的消息，我们也将依法炮制。

把文本中的每个字母向后平移 3 位，就是用字母表中该字母后面的第三个字母来替换它。例如，字母 A 会变成 D，字母 B 会变成 E，依此类推。利用这种方法，消息 "The party will be on November ninth"（派对将于 11 月 9 日举行）在加密后将会成为 "Wkh sduwb

zloo eh rq qryhpehu qlqwk"。

增加些难度

在恺撒密码的基础上，维吉尼亚密码更进一步，引入了密钥来决定位移替换的方式。

在这里，我们打算使用的密钥是英文月份的三字母缩写，如 Jan（一月）、Feb（二月）、Mar（三月）等。

在加密前，我们要先准备出一个字母表格。这个表格由 26 行以不同字母开头的字母表构成。如下页中的表格所示，以 A 开头的第一行字母表的索引是 A。在第二行中，字母表的第一个字母是 B，所以它被标识为 B，其余各行依此类推。

现在选定 "Sep"（九月的缩写）

虽被用于加密他的私人信函，但恺撒密码一点儿也不安全。

A B C D E F G H I J K L M N O P Q R S T U V W X Y Z
D E F G H I J K L M N O P Q R S T U V W X Y Z A B C

```
  | A B C D E F G H I J K L M N O P Q R S T U V W X Y Z
A | A B C D E F G H I J K L M N O P Q R S T U V W X Y Z
B | B C D E F G H I J K L M N O P Q R S T U V W X Y Z A
C | C D E F G H I J K L M N O P Q R S T U V W X Y Z A B
D | D E F G H I J K L M N O P Q R S T U V W X Y Z A B C
E | E F G H I J K L M N O P Q R S T U V W X Y Z A B C D
F | F G H I J K L M N O P Q R S T U V W X Y Z A B C D E
G | G H I J K L M N O P Q R S T U V W X Y Z A B C D E F
H | H I J K L M N O P Q R S T U V W X Y Z A B C D E F G
I | I J K L M N O P Q R S T U V W X Y Z A B C D E F G H
J | J K L M N O P Q R S T U V W X Y Z A B C D E F G H I
K | K L M N O P Q R S T U V W X Y Z A B C D E F G H I J
L | L M N O P Q R S T U V W X Y Z A B C D E F G H I J K
M | M N O P Q R S T U V W X Y Z A B C D E F G H I J K L
N | N O P Q R S T U V W X Y Z A B C D E F G H I J K L M
O | O P Q R S T U V W X Y Z A B C D E F G H I J K L M N
P | P Q R S T U V W X Y Z A B C D E F G H I J K L M N O
Q | Q R S T U V W X Y Z A B C D E F G H I J K L M N O P
R | R S T U V W X Y Z A B C D E F G H I J K L M N O P Q
S | S T U V W X Y Z A B C D E F G H I J K L M N O P Q R
T | T U V W X Y Z A B C D E F G H I J K L M N O P Q R S
U | U V W X Y Z A B C D E F G H I J K L M N O P Q R S T
V | V W X Y Z A B C D E F G H I J K L M N O P Q R S T U
W | W X Y Z A B C D E F G H I J K L M N O P Q R S T U V
X | X Y Z A B C D E F G H I J K L M N O P Q R S T U V W
Y | Y Z A B C D E F G H I J K L M N O P Q R S T U V W X
Z | Z A B C D E F G H I J K L M N O P Q R S T U V W X Y

  | A B C D E F G H I J K L M N O P Q R S T U V W X Y Z
S | S T U V W X Y Z A B C D E F G H I J K L M N O P Q R
E | E F G H I J K L M N O P Q R S T U V W X Y Z A B C D
P | P Q R S T U V W X Y Z A B C D E F G H I J K L M N O
```

作为密钥。该密钥表明我们会依次用到表中的第"S"、"E"和"P"行。具体来讲，加密时第一个字母将通过"S"行来编码，"E"和"P"行则被用于加密第二个和第三个字母。从第四个字母开始，上述过程将被不断地重复。也就是说，我们要回到第"S"行，并用它去加密第四个字母。

例如，用上述方法对消息"our cover is blown, we need to make new plan"（我们暴露了，需要制定新的计划）加密后的秘文是"gyg　uskwv xk fagac,　oi cwis ls bsot fil hppfw"。

布莱斯·德·维吉尼亚

法国外交家布莱斯·德·维吉尼亚生于 1523 年，死于 1596 年。他也曾发展过一套密码系统。不过奇怪的是，以他的名字命名的密码却不是他的发明。维吉尼亚密码实际上是由吉奥万·贝拉在 1553 年提出的。

有关术语

书中用到的术语和符号在出现时都做了相应的解释。不过为清楚起见，在这里将它们汇总一下。

底数：乘方运算中被多次相乘的对象，也就是写在指数左下方的数字或变量。如在 x^2 中，x 就是底数。

系数：写在变量前方的常数。例如在 $3x^2$ 中，3 就是系数。

等式：等式中一定要包含等号，比如 $3x-5=13$。另外提一句，"$\approx$" 代表约等于。

指数：在乘方运算中代表相乘次数的数字或变量。譬如在 x^2 等价于 $x \cdot x$，并且 2 就是指数。类似地，x^3 等于 $x \cdot x \cdot x$，3 是指数。另外，x 实际上等同于 x^1。

表达式：数字和变量的组合，且不能包含等号或不等号，例如 $(3x-4)+5$。

不等式：将等式中的等号变为不等号所得到的就是不等式。比如：$3(x+2) \leqslant 2x+5$。不等号有 5 种："$\neq$"（不等于），"$<$"（小于），"$>$"（大于），"$\geqslant$"（大于或等于）以及"$\leqslant$"（小于或等于）。

同类项：包含相同变量且变量出现的次数也相同的项。例如：$6x^2$ 和 $8x^2$ 是同类项，但是 $6x^2$ 和 $8x$ 就不是，这是因为在两式中 x 的指数不同。同样，因为在 $6y^2$ 和 $8x^2$ 中出现的变量不同，所以它们也不是同类项。

乘法：为避免乘号"$\times$"和变量"x"间产生混淆，乘号也被写成"$\cdot$"。有时索性省略乘号，通过把数字或变量写在一处来表示乘法。比如：$x \cdot y$ 和 xy 都应被理解为"x 乘以 y"。

运算：类似加法和减法这样的数学操作通称为运算。

加减运算：用加减号"$\pm$"表示。在使用中，可以通过一个代数公式同时给出两个等式或两个解。例如解 $(x+3) = \pm 7$ 就应该得到两个解 $x=-10$ 和 $x=4$。

多项式：由多个项构成，其中变量的指数必须为非负整数。多项式若只含一项，则被称为单项式，包含两项的叫作二项式，而有三项的就是三项式。

次方：严格来说，次方的意思是底数和指数构成的乘方。但在日常用语中，这个词也用来指代指数。

项：数字、变量或数字和变量的乘积，项与项之间通过加号或减号分隔开来。

变量：项中代表可变量的符号，通常为 x 或 y。

图片出处